石油炼化岗位员工基础问答

催化重整装置基础知识

孙昱东 编

石油工业出版社

内 容 提 要

本书以知识问答的形式介绍了催化重整工艺的基本概念，主要包括催化重整的原料与产品、催化重整的化学反应及影响因素、催化重整的工艺流程、催化重整催化剂以及催化重整的主要设备等。

本书可供广大炼油厂、石油化工厂员工使用，也可作为石油院校相关专业学生炼油厂实习的辅助教材。

图书在版编目（CIP）数据

催化重整装置基础知识／孙昱东编．—北京：石油工业出版社，2019.2

（石油炼化岗位员工基础问答）

ISBN 978-7-5183-2889-5

Ⅰ．①催…Ⅱ．①孙…Ⅲ．①催化重整－化工设备－问题解答 Ⅳ．① TE624.4-44

中国版本图书馆 CIP 数据核字（2018）第 215483 号

出版发行：石油工业出版社
   （北京安定门外安华里 2 区 1 号 100011）
    网 址：www.petropub.com
    编辑部：(010) 64243881 图书营销中心：(010) 64523633
经 销：全国新华书店
印 刷：北京中石油彩色印刷有限责任公司

2019 年 2 月第 1 版 2019 年 2 月第 1 次印刷
850×1168 毫米 开本：1/32 印张：3.125
字数：60 千字

定价：25.00 元
（如出现印装质量问题，我社图书营销中心负责调换）
版权所有，翻印必究

序

　　石油是当今世界最重要的一次能源，是国民经济和国防建设中不可缺少的物资之一，占世界能源消费结构的35%左右和全世界运输能源消费结构的90%以上，在国民经济中占有举足轻重的地位。随着石油工业的快速发展，炼油化工技术不断发展，炼油化工行业急需大量既掌握炼油基础理论知识，又拥有丰富生产实践经验的一线操作人员、技术人员和管理人员。为了提高炼油化工企业职工的基础理论和专业技术水平，造就一大批有理论、懂技术的专业职工队伍，需要大量石油炼化基础知识方面的工具书，《石油炼化岗位员工基础问答》丛书的出版可以大大丰富相关领域的图书品种。

　　该丛书在内容上涵盖了炼油化工行业大部分工艺装置，其最大特点是以介绍基础理论知识为主线，理论与实践相结合，可使从事炼油化工相关工作的专业技术人员对炼油化工基础知识有一个比较深入、全面的了解。在普及炼油化工技术知识的同时，提高职工队伍的整体素质。

　　本丛书的内容按照石油加工流程所涉及的装置分为《常减压蒸馏基础知识》《催化裂化装置基础知识》《延

迟焦化装置基础知识》《催化加氢基础知识》《催化重整装置基础知识》以及《石油及石油产品基础知识》等,每本书都以问答的形式系统地介绍了相关专业领域的基础理论知识,对了解石油及其产品,以及油品生产加工装置的基本概念、原理、工艺过程、影响因素等具有重要的帮助作用。

该丛书不但适合炼油化工行业的相关从业人员作为培训教材及装置技术比武的参考资料,而且还可作为石油院校相关专业学生的专业实习参考用书。另外,对炼油化工行业以外的科技人员及民众了解石油产品及其加工过程也有重要的参考作用,出版价值较高。

中国石油大学(华东)化学工程学院院长

前　言

催化重整是现代炼化企业生产高辛烷值清洁汽油组分和轻芳烃的重要工艺，在清洁油品和基本有机化工原料生产中占有举足轻重的地位。为了使广大炼油厂、石油化工厂的员工以及相关院校学生能够快速熟悉和掌握催化重整的相关基础理论知识，编写了《催化重整装置基础知识》一书。

本书采用问答的形式对催化重整的原料和产品、催化重整的化学反应及影响因素、催化重整的工艺流程、催化重整的催化剂以及主要设备等做了介绍。对于书中所涉及概念和知识的叙述，尽可能做到科学标准、通俗易懂。本书可以作为炼油厂生产技术人员和操作人员培训、技术考级、技术练兵和技能比武的基础理论教材，也可以作为相关院校学生炼油厂实习的辅助教材。

本书在编写过程中得到了中国石油大学（华东）化学工程学院化学工程系各位老师的大力支持和帮助，在此表示衷心的感谢。由于编者水平有限和经验不足，加之对部分问题理解不深，书中难免存在不足之处，敬请读者批评指正。

编　者

目 录

第一章 催化重整的原料与产品 …………………… 01
  1. 什么是重整？什么是催化重整？ ………………… 01
  2. 催化重整的主要作用是什么？ …………………… 01
  3. 催化重整的种类有哪些？ ………………………… 01
  4. 催化重整的原料有哪些？ ………………………… 02
  5. 不同来源的催化重整原料分别具有什么样的特点？ … 02
  6. 催化重整过程对原料有何要求？ ………………… 04
  7. 催化重整原料为什么要进行预处理？ …………… 04
  8. 如何表征催化重整原料的优劣？ ………………… 05
  9. 如何根据生产目的确定催化重整原料的馏程？ … 05
  10. 如何评价催化重整原料的反应性能？ ………… 06
  11. 催化重整原料中的非烃化合物有哪些？
       危害是什么？ …………………………………… 07
  12. 催化重整原料对杂质含量有何要求？ ………… 08
  13. 什么是重整指数？有何意义？ ………………… 08
  14. 什么是重整转化率？重整转化率是如何定义的？ … 09
  15. 为什么重整转化率可以大于 100%？ …………… 09
  16. 什么是环烷烃转化率？ ………………………… 10
  17. 影响重整转化率的因素有哪些？ ……………… 10
  18. 催化重整的产品有哪些？各有何特点？ ……… 10

第二章 催化重整的化学反应及影响因素 ………… 12
  1. 催化重整的预加氢过程中主要发生哪些反应？ … 12

2. 预加氢过程的主要影响因素有哪些? ……………… 12
3. 原料组成对预加氢过程有何影响? ……………… 12
4. 反应温度对预加氢过程有何影响? ……………… 13
5. 操作压力对预加氢过程有何影响? ……………… 13
6. 氢油比对预加氢过程有何影响? ……………… 13
7. 空速对预加氢过程有何影响? ……………… 14
8. 催化重整的主要化学反应有哪些? 最基本的
反应是什么? ……………… 14
9. 简述五元环烷烃脱氢的反应历程。 ……………… 14
10. 与六元环烷烃相比，五元环烷烃脱氢反应有何不同? … 15
11. 五元环烷烃转化生成芳烃的转化率为什么较低?
如何提高其转化率? ……………… 15
12. 烷烃脱氢环化反应有什么特点? ……………… 16
13. 如何提高烷烃的环化脱氢反应速率? ……………… 16
14. 异构化反应对催化重整有何意义? ……………… 16
15. 催化重整过程中烷烃的异构化反应是如何完成的? … 17
16. 为什么提高反应温度有利于放热的烷烃异构化反应? … 17
17. 催化重整过程中的加氢裂化反应主要包括哪些? …… 17
18. 各类烃脱氢反应的速率有何关系? ……………… 18
19. 催化重整过程中的副反应有哪些? ……………… 18
20. 催化重整过程中各反应对产物有何影响? ………… 18
21. 催化重整各反应器中的反应有何不同? ………… 19
22. 生产高辛烷值汽油对催化重整反应过程有何要求? … 19
23. 催化重整生成油辛烷值与收率有何关系? ………… 20
24. 从化学平衡角度来看，催化重整反应有何特点? …… 21
25. 六元环烷烃脱氢反应有何特点? ……………… 21
26. 催化重整反应的热效应如何? ……………… 21
27. 催化重整的反应热如何计算? ……………… 21

28. 如何计算催化重整反应的化学平衡常数？ …………… 22
29. 催化重整过程中的焦炭是如何形成的？ …………… 22
30. 催化重整过程中的生焦反应与哪些因素有关？ …… 22
31. 缩合生焦反应对催化重整有什么不利影响？ ………… 23
32. 催化重整过程中焦炭在催化剂上的沉积有什么规律？ … 23
33. 影响催化重整反应的操作参数主要有哪些？ ………… 23
34. 反应温度对催化重整反应有何影响？ ………………… 23
35. 如何确定催化重整反应的操作温度？ ………………… 24
36. 催化重整各反应器的温度是如何分布的？ …………… 24
37. 催化重整各反应器的温降如何变化？ ………………… 25
38. 如何计算催化重整反应的理论温降？ ………………… 25
39. 如何表示催化重整反应温度？ ………………………… 25
40. 以加权平均床层温度表示催化重整反应温度
    有何不足？ …………………………………………… 26
41. 随反应的进行，应如何调整催化重整反应温度？ …… 26
42. 反应压力对催化重整反应有何影响？ ………………… 27
43. 如何选择催化重整过程的反应压力？ ………………… 27
44. 如何根据催化剂的种类选择反应压力？
    一般催化重整装置采用的反应压力是多少？ ………… 28
45. 从操作压力方面米看，催化重整装置的发展趋势
    是什么？ ……………………………………………… 28
46. 降低催化重整装置反应压力需采取哪些措施？ ……… 29
47. 压降对催化重整反应有何影响？ ……………………… 29
48. 空速的定义是什么？有何意义？ ……………………… 29
49. 如何确定催化重整装置的空速？ ……………………… 30
50. 空速如何影响催化重整产物的收率？ ………………… 30
51. 催化重整反应过程中为什么要使用循环氢？ ………… 30
52. 什么是氢油比？有何意义？ …………………………… 31

53. 过高的氢油比对催化重整反应有什么不利影响？ …… 31
54. 催化重整过程的氢油比一般是多少？ ………… 31
55. 催化重整反应的动力学模型是什么？ ………… 32
56. 什么是集总动力学模型？ ……………………… 32

第三章 催化重整的工艺流程 ……………………… 33

1. 催化重整工艺的发展经历了哪几个阶段？ …… 33
2. 催化重整的工艺流程主要包括哪几部分？ …… 34
3. 催化重整的原料预处理包括哪几部分？
   作用是什么？ …………………………………… 34
4. 预分馏的形式主要有哪几种？ ………………… 35
5. 催化重整原料对砷含量有什么要求？ ………… 35
6. 预脱砷的方法有哪几种？ ……………………… 35
7. 影响加氢预脱砷过程的反应条件有哪些？ …… 36
8. 预加氢的操作条件是什么？ …………………… 37
9. 催化重整原料预处理过程中所用的氢气是
   从哪里来的？ …………………………………… 37
10. 为什么要控制预加氢循环气中的 H_2S 含量？ …… 37
11. 预加氢工艺流程有哪几种？各有何特点？ …… 38
12. 催化重整原料预加氢后为何要对产物进行汽提？ …… 38
13. 什么是深度脱硫？有哪几种工艺流程？ ……… 39
14. 深度脱硫有什么好处？ ………………………… 39
15. 催化重整原料完全脱除硫好不好？ …………… 40
16. 催化重整原料为何要脱氯？如何脱氯？ ……… 40
17. 催化重整工艺主要有哪几种类型？ …………… 40
18. 现代催化重整工艺的特点是什么？ …………… 41
19. 什么是麦格纳重整？ …………………………… 42
20. 固定床半再生催化重整装置和连续重整装置的
    主要区别是什么？ ……………………………… 42

21. 连续重整装置有何工艺特点？ …………………… 43
22. 与固定床重整装置相比，连续重整的优点有哪些？ … 43
23. 目前工业上的连续重整工艺主要有哪几种？
    有何主要区别？ ………………………………… 43
24. 催化重整装置为何采用多个反应器串联的形式？ …… 45
25. 催化重整装置的再生方式有哪几种？ ……………… 45
26. 什么是组合床重整工艺？ ………………………… 46
27. 工业上应如何选择催化重整装置的工艺形式？ ……… 46
28. 催化重整过程中循环氢的作用是什么？ …………… 47
29. 什么是两段重整工艺？ …………………………… 47
30. 催化剂在催化重整反应器中的装填量为什么前部少、
    后部多？ ………………………………………… 48
31. 催化重整各反应器催化剂的装填比例是多少？ ……… 48
32. 催化重整各反应器前为什么都要设置加热炉？ ……… 49
33. 什么是再接触？作用是什么？ …………………… 49
34. 催化重整工艺流程中为什么要设置稳定塔？ ………… 50
35. 当以生产轻芳烃为目的时，催化重整生成油为什么
    要进行后加氢？ …………………………………… 50
36. 当以生产轻芳烃为目的时，产物的后续处理流程
    是什么？ ………………………………………… 50
37. 芳烃抽提系统通常由哪几部分组成？ ……………… 51
38. 芳烃抽提的原理是什么？ ………………………… 51
39. 对芳烃抽提的溶剂有何要求？ …………………… 51
40. 什么是抽提蒸馏？ ………………………………… 52
41. 芳烃精馏的基本原理是什么？ …………………… 52
42. 芳烃精馏有哪几种流程？ ………………………… 52

第四章　催化重整催化剂 …………………………… 53
　　1. 什么是催化剂？有何特点？ ……………………… 53

2. 催化重整催化剂主要由哪几部分组成？ …………… 53
3. 什么是双功能催化剂？催化重整为什么使用双功能催化剂？ ………………………………… 54
4. 双功能催化剂的两种功能是如何发挥作用的？ ……… 54
5. 什么是催化剂的活性、选择性和稳定性？ ………… 55
6. 什么是催化剂寿命？ ……………………………… 55
7. 对催化重整催化剂的两种功能搭配有什么要求？ …… 55
8. 催化重整催化剂的活性金属主要有哪些？ ………… 56
9. 催化重整催化剂的活性组分含量是不是越高越好？ … 57
10. 什么是助剂？ ……………………………………… 57
11. 催化重整催化剂的助剂有哪几种？各起什么作用？ … 57
12. 催化重整催化剂的载体有什么作用？ …………… 58
13. 目前工业上使用的催化重整催化剂主要有哪几种？ … 59
14. 催化重整催化剂的评价指标有哪些？ …………… 59
15. 催化重整催化剂的酸性功能主要是由什么提供的？各有什么优缺点？ ………………………………… 60
16. 卤素含量对催化重整过程有何影响？ …………… 61
17. 如何判断催化剂酸性功能的变化？ ……………… 61
18. 什么是水氯平衡？ ………………………………… 61
19. 催化重整催化剂为什么要保持水氯平衡？ ……… 62
20. 为什么对催化重整原料的含水量有严格限制？ ……… 62
21. 如何调整催化重整催化剂的水氯平衡？ ………… 62
22. 操作温度对水氯平衡有何影响？ ………………… 63
23. 如何判断催化重整催化剂的水氯平衡？ ………… 63
24. 为什么开工初期需对催化重整装置进行集中补氯？ … 63
25. 什么是催化剂的失活？ …………………………… 64
26. 引起催化重整催化剂失活的原因有哪些？分别对催化剂有什么影响？ ………………………… 64

27. 什么是积炭失活？积炭引起的失活与哪些因素有关？ … 65
28. 如何延缓催化重整催化剂的积炭失活？ …………… 66
29. 引起催化重整催化剂酸性功能变化的原因有哪些？ … 66
30. 砷引起催化剂中毒的机理是什么？ ………………… 67
31. 常减压蒸馏中设置初馏塔对降低砷对催化重整
    催化剂的影响有何好处？ …………………………… 67
32. 硫对催化重整催化剂有何影响？ …………………… 67
33. 催化重整原料为什么要限制氮含量？ ……………… 68
34. 铅对催化重整催化剂有何影响？ …………………… 68
35. CO 和 CO_2 对催化重整催化剂有何影响？
    系统中的 CO 和 CO_2 是怎么来的？ ……………… 68
36. 催化重整催化剂为何要进行再生？ ………………… 69
37. 催化重整催化剂的再生过程包括哪几个步骤？ …… 69
38. 催化重整催化剂如何进行烧焦？ …………………… 69
39. 为什么要用惰性气体稀释再生气？ ………………… 70
40. 催化重整催化剂的烧焦过程为什么不用水蒸气作载气？ … 70
41. 影响催化重整催化剂烧焦的因素有哪些？ ………… 71
42. 如何控制催化重整催化剂烧焦的反应条件？ ……… 71
43. 催化重整催化剂再生时为何要进行氯化更新？ …… 71
44. 氯化时为什么使用含氧气体作为载气？ …………… 72
45. 催化重整催化剂再生过程中如何进行干燥？ ……… 72
46. 被硫污染的催化剂在再生前需如何处理？ ………… 72
47. 催化重整催化剂在使用前为什么要进行还原？ …… 73
48. 还原气中含有烃类会有什么危害？ ………………… 73
49. 还原气中的水分有何危害？ ………………………… 73
50. 新鲜催化重整催化剂在使用前为什么要进行预硫化？ … 74
51. 催化重整催化剂再生完成后需不需要预硫化？
    为什么？ ……………………………………………… 74

52. 预硫化的原理是什么？ …………………………………… 74
53. 催化重整催化剂如何进行预硫化？ ……………………… 75
54. 催化重整催化剂和预加氢催化剂预硫化的目的
有何不同？ …………………………………………………… 75

第五章 催化重整的主要设备 ……………………………… 76
1. 预加氢反应器有哪几种类型？有何特点？ ……………… 76
2. 预加氢系统腐蚀的原因和危害是什么？ ………………… 76
3. 如何减缓预加氢系统的腐蚀？ …………………………… 77
4. 管式加热炉由哪几部分构成？各起什么作用？ ………… 77
5. 催化重整装置中的加热炉分为几种？ …………………… 78
6. 催化重整加热炉有什么特点？ …………………………… 78
7. 什么是理论空气量？什么是过剩空气系数？ …………… 79
8. 什么是加热炉有效热负荷和炉管表面热强度？ ………… 79
9. 炉管表面热强度的提高受哪些因素的限制？ …………… 79
10. 烟囱的作用是什么？ ……………………………………… 80
11. 催化重整反应器如何分类？ ……………………………… 80
12. 什么是径向反应器？什么是轴向反应器？ ……………… 81
13. 轴向反应器的结构有何特征？ …………………………… 81
14. 径向反应器的结构有何特征？ …………………………… 82
15. 为什么径向反应器的床层压降比轴向反应器低？ …… 83
16. 为避免高温氢气的影响，对催化重整反应器有
什么要求？ ………………………………………………… 84
17. 什么是氢脆？ ……………………………………………… 84
18. 反应器床层压降对催化重整过程有何影响？ ………… 85
19. 离心压缩机组由哪几部分构成？其作用是什么？ …… 85
20. 离心压缩机的主要优缺点是什么？ …………………… 86

第一章 催化重整的原料与产品

1. 什么是重整？什么是催化重整？

答：重整是指烃类分子在一定条件下重新排列成新的分子结构的工艺过程，即烃类分子结构重排的工艺过程。

催化重整是指在有催化剂存在条件下的重整过程，是重要的石油炼制过程之一。

2. 催化重整的主要作用是什么？

答：催化重整是指在一定的温度、压力、临氢和催化剂存在的条件下，使石脑油转变成富含芳烃的油品，并副产氢气的过程。催化重整生成油可直接用作车用高辛烷值汽油的调和组分，在发达国家的车用汽油组分中，催化重整汽油约占25%～30%；催化重整生成油也可以经芳烃抽提生产轻芳烃（苯、甲苯、二甲苯，简称BTX），全世界所需BTX的一半以上来源于催化重整装置；副产氢气是炼油厂加氢装置的主要氢气来源之一，是炼油厂重要的廉价氢源。

3. 催化重整的种类有哪些？

答：根据所采用催化剂种类的不同，催化重整可以分成铂重整、铂铼重整和多金属重整。采用铂金属催化剂的重整过程称为铂重整，采用铂铼催化剂的重整过程称为铂铼重整（或双金属重整），采用多金属催化剂的重整过程称为多金属重整。

4. 催化重整的原料有哪些？

答：催化重整的原料主要是直馏汽油馏分（生产中也称为石脑油），部分二次加工所得的汽油馏分（加氢裂化汽油、焦化汽油、催化裂化石脑油和乙烯裂解抽余油等）经适当处理后也可以作为催化重整的原料。

5. 不同来源的催化重整原料分别具有什么样的特点？

答：催化重整原料的来源不同，所具有的特点也不同，具体如下：

（1）直馏石脑油。

直馏石脑油按照沸程可以分为轻直馏石脑油和重直馏石脑油，重直馏石脑油可以作为催化重整原料。

直馏石脑油的数量和性质取决于原油的性质，不同原油所含直馏石脑油的数量和性质有很大的差别。一般来说，直馏石脑油除含有硫外，还含有氮、金属杂质（砷、铜、铅等）以及水等，这些组分对催化重整催化剂均有毒害作用，故直馏石脑油必须经过预处理才能作为催化重整装置的合格原料。

(2) 加氢裂化重石脑油。

加氢裂化重石脑油的收率和质量受加氢裂化原料性质和操作条件影响较大。由于经过了加氢过程，加氢裂化重石脑油中大部分烯烃被饱和。此外，经过加氢裂化过程，加氢裂化重石脑油的硫含量和氮含量均在 $0.5\mu g/g$ 以下，许多杂质被除去。因此，加氢裂化重石脑油的突出特点为不饱和烃含量低和有害杂质含量少，是理想的催化重整原料，可不用经过预加氢，而直接作为催化重整进料。

(3) 焦化石脑油。

焦化石脑油是延迟焦化工艺的产品。焦化石脑油的特点是烯烃含量较高，溴价在 $40 \sim 60gBr/100g$。此外，焦化石脑油中的硫含量比直馏石脑油的硫含量高 $10 \sim 20$ 倍，其氮含量也比较高，有时高达 $100\mu g/g$ 以上。因此，焦化石脑油必须经过加氢预处理，才能作为催化重整装置的合格原料。

除烯烃含量和杂质含量较高外，焦化石脑油的环烷烃含量少，芳烃潜含量也很低，不是催化重整装置的理想原料。

(4) 催化裂化石脑油。

催化裂化石脑油的硫含量一般为 $100 \sim 1500\mu g/g$，氮含量通常为 $2 \sim 110\mu g/g$。另外，催化裂化石脑油中还含有一定量的胶质。因此，催化裂化石脑油并不是理想的催化重整原料，当以催化裂化石脑油作为重整原料时，必须进行预处理。但现有预加氢处理装置很难将催化裂化石脑油中的噻吩类物质脱除，同时，装置难以适应烯烃加氢时产生的温升，因此，催化裂化石脑油必须经过特殊的加氢处理，才能作为催化重整原料。如果催化裂化石脑油作为催化重整原料直接进预加氢装置，掺入的比例不宜超过20%（质量分数）。

（5）乙烯裂解抽余油。

乙烯生产过程中所产生的裂解石脑油经抽提后的抽余油可作为催化重整原料。裂解石脑油中一般含有烯烃，还含有硫、砷和氮等杂原子，但由于在芳烃抽提前裂解石脑油需加氢处理，烯烃被饱和，杂原子被脱除，故裂解抽余油一般情况下能够满足催化重整进料的要求。裂解抽余油的烷烃含量较低，环烷烃和芳烃含量高达60%（质量分数）以上，是良好的催化重整原料油。

6. 催化重整过程对原料有何要求？

答：由于催化重整过程采用的是贵金属催化剂，且催化剂的再生周期比较长，为避免催化剂在使用过程中失活速度过快，要求催化重整原料的馏程和烃类组成合理，杂质含量低。

7. 催化重整原料为什么要进行预处理？

答：催化重整催化剂对原料的组成具有严格的要求，但一般炼油厂其他装置提供给催化重整装置的原料的馏程和杂质含量均达不到催化重整原料油的指标要求。为了保证装置的正常运转和产品质量，均需对原料进行预处理。

8．如何表征催化重整原料的优劣？

答：催化重整原料的优劣既与原料中杂原子的含量有关，又与原料的烃类组成有关。

催化重整原料中的杂原子含量越低，反应过程中对催化剂的影响越小，催化剂的活性越高，对反应越有利。

催化重整原料油的烃类组成对产物的产率和辛烷值有重要影响。一般来说，原料中的环烷烃含量越高，反应产物的辛烷值及芳烃收率也越高。

9．如何根据生产目的确定催化重整原料的馏程？

答：根据生产目的不同，催化重整过程所用原料的馏程也不同。

当生产高辛烷值汽油调和组分时，一般采用 80～180℃的馏分。馏分的终馏点过高会使催化剂上结焦量增多，导致催化剂失活及生产周期缩短。此外，切取馏分太重，催化重整汽油的沸程会外延，终馏点过高而达不到要求。馏分的沸点也不宜过低，因为 C_6 及以下的烷烃本身就已有较高的辛烷值，而 C_6 环烷烃转化为苯后，其辛烷值反而下降。因此，催化重整原料一般切取

C_6 以上的馏分，即切取馏分时初馏点应选取在 80℃ 左右。

当生产轻芳烃时，应根据芳烃产品的不同确定原料馏分组成。如生产混合轻芳烃时，宜用 60～145℃ 的馏分作为原料，但其中 130～145℃ 的馏分属于航空煤油的馏程范围，故在同时生产航空炼油的炼油厂，在生产实际中常用 60～130℃ 馏分作为催化重整原料。

10. 如何评价催化重整原料的反应性能？

答：生产上通常用"芳烃潜含量"来表征催化重整原料的反应性能。"芳烃潜含量"的实质是当原料中的环烷烃全部转化为芳烃时所能得到的芳烃量，其计算方法如下：

芳烃潜含量（%）= 苯潜含量（%）+ 甲苯潜含量（%）
　　　　　　　+ C_8 芳烃潜含量（%）
　　　　　　　+ C_{9+} 芳烃潜含量（%）

苯潜含量（%）= C_6 环烷烃（%）× 78/84 + 苯（%）
甲苯潜含量（%）= C_7 环烷烃（%）× 92/98 + 甲苯（%）
C_8 芳烃潜含量（%）= C_8 环烷烃（%）× 106/112
　　　　　　　　　+ C_8 芳烃（%）

C_9 以上依此类推。

式中，78、84、92、98、106、112 分别为苯、C_6 环烷烃、甲苯、C_7 环烷烃、C_8 芳烃和 C_8 环烷烃的相对分子质量。

从烃类组成角度来看，芳烃潜含量高的油品是理想的催化重整原料,芳烃潜含量低于 28% 的原料一般不适宜于作为催化重整原料。

11. 催化重整原料中的非烃化合物有哪些？危害是什么？

答：催化重整原料中的非烃化合物主要包括含硫化合物、含氮化合物以及少量金属有机化合物。非烃化合物在催化重整原料中的含量较少,但对催化重整反应过程具有较大的影响。

(1) 含硫化合物。

催化重整原料中的含硫化合物主要有硫醇、硫醚、二硫化物、噻吩等,其硫含量从百万分之几到万分之几。催化重整原料中的硫含量过高,可使催化剂的活性和选择性受到影响,影响装置的正常操作。此外,硫还会对设备造成腐蚀。但另一方面,利用硫对催化剂活性的抑制作用,可以抑制开工初期反应器内催化剂的深度脱氢和氢解活性。

(2) 含氮化合物。

催化重整原料中的含氮化合物含量较低,结构多为吡咯类化合物和吡啶类化合物,在催化重整临氢反应条件下可以生成 NH_3,会降低催化重整催化剂的酸性功能。

(3) 含砷化合物。

目前,对催化重整原料中含砷化合物的认识尚不太清楚。原料中的砷（As）可与催化剂活性组分铂（Pt）

生成 PtAs 化合物，使催化剂永久性失活。

（4）含铜化合物和含铅化合物。

含铜化合物和含铅化合物也是催化重整催化剂的永久性毒物，可引起催化剂的中毒。

12. 催化重整原料对杂质含量有何要求？

答：催化重整原料中微量的杂质就会引起催化剂中毒失活。因此，催化重整原料对杂质含量有严格的要求。

对催化重整原料杂质含量的要求一般与反应条件和所使用催化剂的类型有关。例如，当反应压力较高时，可以允许原料的杂质含量稍高。现代双（多）金属催化剂对原料中杂质含量的要求见表1-1。

表1-1 现代双（多）金属催化剂对催化重整原料杂质含量的要求

杂质	含量，μg/g	杂质	含量，μg/g
砷	$\leqslant 1 \times 10^{-3}$	硫	$0.15 \sim 0.5$
铜	$\leqslant 15 \times 10^{-3}$	氮	$\leqslant 0.5$
铅	$\leqslant 10 \times 10^{-3}$	水	$\leqslant 2.0$
氯化物	$\leqslant 0.5$	氟化物	$\leqslant 0.5$
磷化物	$\leqslant 0.5$	溶解氧	$\leqslant 1.0$

13. 什么是重整指数？有何意义？

答：重整指数通常用 $(N+2A)$ 表示，具体定义为：

$$(N+2A) = \Sigma\varphi\left(C_i^N\right) + 2\Sigma\varphi\left(C_i^A\right)$$

式中 N——环烷烃含量；

A——芳烃含量；

$\varphi(C_i^N)$——原料中环烷烃的体积分数；

$\varphi(C_i^A)$——原料中芳烃的体积分数；

i——碳原子数。

由定义可知，原料中的环烷烃和芳烃含量越高，重整指数越大，催化重整生成油中的芳烃产率越大，催化重整汽油的辛烷值越高。

14. 什么是重整转化率？重整转化率是如何定义的？

答：重整转化率（或称芳烃转化率）是指催化重整生成油中的芳烃含量（即芳烃产率）与原料油中芳烃潜含量之比。定义如下：

$$\text{重整转化率}(\%) = \frac{\text{芳烃产率}(\%)}{\text{芳烃潜含量}(\%)} \times 100$$

实际生产中通常用重整转化率来衡量催化重整反应进行的程度和操作水平的高低。

15. 为什么重整转化率可以大于100%？

答：这主要与重整转化率的定义不准确有关。在催化重整过程中的芳烃产率中包含了原料中原有的芳烃以及由环烷烃和烷烃转化生成的芳烃，其中原有的芳烃并没有经过转化。此外，芳烃潜含量中并没有考虑烷烃经环化脱氢反应生成芳烃的量。在铂重整装置中，原料中的烷烃极少转化生成芳烃，且环烷烃也不会全部转化生成芳烃，故重整转化率一般小于100%。但近现代随着铂铼及其他多金属催化剂的发展，催化重整催化剂的性能得到了大幅度提高，原料中有相当一部分烷烃也可以转化成芳烃，进而使得重整转化率大于100%。

16. 什么是环烷烃转化率？

答：重整反应过程由于化学平衡的限制，产物生成油中总会残余少量的环烷烃，而转化了多少环烷烃可以用环烷烃转化率来表示。

$$环烷烃转化率 = \left(\frac{原料中的环烷烃含量 - 生成油中的环烷烃含量 \times 液收率}{原料中的环烷烃含量}\right) \times 100\%$$

$$= \left(1 - \frac{生成油中的环烷烃含量 \times 液收率}{原料中的环烷烃含量}\right) \times 100\%$$

环烷烃转化率只表示环烷烃的转化程度，它与芳烃转化率是不同的。芳烃转化率可以达到或超过100%，而环烷烃转化率却不可能超过100%。

17. 影响重整转化率的因素有哪些？

答：影响重整转化率的因素有很多，主要包括原料的性质、催化剂的组成与活性、反应温度、反应压力、空速、氢油比、催化剂的水氯平衡以及催化剂积炭程度等。

18. 催化重整的产品有哪些？各有何特点？

答：催化重整的产品及特点如下：

(1) 高辛烷值汽油。

催化重整产物中含有较多的芳烃和部分异构烷烃，均为高辛烷值汽油组分。催化重整汽油的辛烷值一般为 95～105，且杂质含量低，是高辛烷值清洁汽油的优良调和组分。作为汽油调和组分，催化重整汽油对调和汽油的辛烷值贡献大，可大幅度降低汽油的烯烃含量和硫含量，有效改善汽油的辛烷值分布。

(2) 轻芳烃。

催化重整过程中最主要的反应是生成芳烃的芳构化反应，故在催化重整生成油中，BTX 及较大分子芳烃的含量都很高，它们都是重要的基本有机化工原料。目前全世界所需的 BTX 有一半以上来自催化重整装置。

(3) 溶剂油。

在芳烃生产过程中，催化重整生成油经芳烃抽提后产生部分抽余油。重整抽余油的主要组分是烷烃和环烷烃，芳烃的含量很少，且其不含硫化物、氮化物以及重金属等有害物质，是生产优质溶剂油的良好原料。

(4) 氢气。

氢气作为催化重整工艺的副产品，具有非常大的利用价值。在炼油厂中，重整氢气除少部分用于催化重整装置的预加氢外，绝大部分经提纯后供炼油厂的各种加氢装置使用，如为加氢精制、加氢改质和加氢裂化等装置提供氢气。

第二章 催化重整的化学反应及影响因素

1. 催化重整的预加氢过程中主要发生哪些反应?

答：预加氢的主要目的是脱除原料中的有害物质，为后续重整反应提供杂质含量合格的原料，发生的主要反应有脱硫反应、脱氮反应、脱金属反应、脱氧反应、脱氯反应和烯烃加氢饱和反应等。

2. 预加氢过程的主要影响因素有哪些?

答：预加氢过程的影响因素主要有原料性质、反应温度、操作压力、氢油比和空速。

3. 原料组成对预加氢过程有何影响?

答：原料中的硫、氮等杂质在预加氢系统中被脱除后，可进一步反应生成相应的盐类，进而在系统内结垢，故必须及时水洗除去。如果原料中的杂原子含量较高，为满足催化重整对原料质量的要求，还需提高加氢反应压力和反应温度。

原料中的碱金属是预加氢催化剂的毒物，会降低催化剂的活性。

补充气中的 N_2、CO 和 CO_2 对预加氢过程影响不大，但过量的 CO 和 CO_2 会对催化剂不利，必须经常从系统中排除。

4. 反应温度对预加氢过程有何影响？

答：反应温度是预加氢过程的重要影响因素和操作参数。提高反应温度，预加氢反应速率提高，有利于杂原子的脱除，但如果反应温度过高，将会降低预加氢过程的液体产品收率，同时会增加生焦量，加快催化剂失活速率。

5. 操作压力对预加氢过程有何影响？

答：提高反应压力可以增加加氢反应深度，有利于杂原子的脱除，降低催化剂的生焦速率。低压对脱除杂原子、抑制生焦和维持催化剂的活性都不利。

提高反应压力也会增加对设备耐压性能的要求，设备投资和操作成本增加。

预加氢反应过程中的操作压力一般由高压分离器的压力控制。

6. 氢油比对预加氢过程有何影响？

答：提高氢油比，也就提高了系统的氢分压，有利于加氢反应的进行，减缓焦炭在催化剂上的沉积速度，及时导出反应热，避免床层产生过高的温升。但是过大的氢油比会导致装置的处理量降低，能耗增加，不利于经济效益的提高。

7. 空速对预加氢过程有何影响？

答：空速反映了预加氢反应时间的长短和装置的处理能力，工业上希望采用较大的空速以提高装置的处理能力，但空速的提高受到反应速率的制约。随着空速的增加，装置的处理能力增加，但反应时间缩短，预加氢反应深度降低，达不到精制的要求。反之，空速降低，反应深度和精制程度增加，但装置的处理能力降低。根据催化剂性能和原料油组成的不同，预加氢过程的空速一般采用 $4 \sim 10 h^{-1}$。

8. 催化重整的主要化学反应有哪些？最基本的反应是什么？

答：催化重整的主要化学反应包括三大类，即：(1) 脱氢反应，包括六元环烷烃的脱氢反应、五元环烷烃的异构脱氢反应和烷烃的环化脱氢反应；(2) 带烷基侧链的五元环烷烃和正构烷烃的异构化反应；(3) 加氢裂化反应。

除以上反应外，催化重整过程中还可能发生脱烷基反应、歧化反应和烷基化反应等。

催化重整过程中最基本的化学反应是六元环烷烃脱氢生成芳烃的反应。

9. 简述五元环烷烃脱氢的反应历程。

答：催化重整反应过程中，只有带有烷基侧链的五元环烷烃才能发生脱氢反应生成芳烃。带有烷基侧链的五元环烷烃需先经异构化反应生成六元环烷烃,六元环烷烃再进一步脱氢生成芳烃。例如,甲基环戊烷转化为苯的反应历程如下:

$$\text{[甲基环戊烷]} \rightleftharpoons \text{[环己烷]} \rightleftharpoons \text{[苯]} + 3H_2$$

10. 与六元环烷烃相比,五元环烷烃脱氢反应有何不同?

答:催化重整原料中含有较多的五元环烷烃,五元环烷烃的脱氢反应是仅次于六元环烷烃脱氢反应的重要反应。因为五元环烷烃异构生成六元环烷烃的反应是轻度放热反应,所以五元环烷烃脱氢反应的热效应稍小于相同碳原子数的六元环烷烃。五元环烷烃脱氢反应的平衡常数也很大,反应可以充分地进行。但由于增加了一步五元环烷烃的异构反应,所以五元环烷烃的异构脱氢反应速率较低,当反应时间较短时,五元环烷烃反应生成芳烃的转化率远低于平衡转化率,此现象在铂重整时更加明显。

11. 五元环烷烃转化生成芳烃的转化率为什么较低?如何提高其转化率?

答:五元环烷烃转化生成芳烃,需先经过异构化反应,而该反应的速率较低。同时,五元环烷烃还较易发生加氢裂化反应。两者的共同作用,导致五元环烷烃转化生成芳烃的转化率较低。

选择合适的催化剂和操作条件，是提高五元环烷烃转化生成芳烃的关键。如选用高异构化活性的催化剂，可明显提高五元环烷烃反应生成芳烃的转化率。

12. 烷烃脱氢环化反应有什么特点？

答：催化重整原料中的环烷烃数量有限，烷烃转化生成芳烃对催化重整过程的意义重大。

从热力学角度来看，碳原子数不小于6的烷烃都可以转化生成芳烃，且转化率较高。但在实际生产过程中，烷烃脱氢环化生成芳烃的转化率却很低，尤其是使用铂催化剂时，实际转化率远低于平衡转化率；即使使用铂铼催化剂，实际转化率较平衡转化率也较低。主要原因是烷烃的环化反应速率较慢。

13. 如何提高烷烃的环化脱氢反应速率？

答：提高烷烃的环化脱氢反应速率，使烷烃更多地转化成芳烃，关键在于提高催化剂的选择性。铂铼催化剂和多金属催化剂具有较好的选择性、活性和容炭能力，可大幅度提高芳烃的产率。

尽管提高反应温度和降低反应压力有利于烷烃转化生成芳烃，但同时催化剂上的积炭速率增加，生产周期缩短，不利于装置的长周期运转。

14. 异构化反应对催化重整有何意义？

答：在催化重整过程中，各种烃类都有可能发生异构化反应，其中最有意义的是五元环烷烃和正构烷烃的异构化反应。五元环烷烃的异构化反应可以提高芳烃的产率；正构烷烃的异构化反应一方面可提高汽油的辛烷值，另一方面，异构烷烃比正构烷烃更易于进行脱氢环化反应生成芳烃。

15. 催化重整过程中烷烃的异构化反应是如何完成的？

答：在催化重整过程中，烷烃的异构化反应需借助催化剂的酸性功能和金属功能共同完成。正构烷烃的异构化反应包括三个步骤：(1) 正构烷烃借助催化剂的金属功能脱氢生成烯烃；(2) 烯烃借助催化剂的酸性功能异构生成异构烯烃；(3) 异构烯烃再利用催化剂的金属功能加氢生成异构烷烃。

16. 为什么提高反应温度有利于放热的烷烃异构化反应？

答：烷烃的异构化反应是放热反应，提高反应温度会使平衡转化率降低。但在实际生产中，常常是提高反应温度，异构产品的收率增加。这是因为在常规的催化重整反应条件下，异构化反应的速率较低，反应远未达到化学平衡，故提高反应温度有利于异构化反应。

17. 催化重整过程中的加氢裂化反应主要包括哪些？

答：在催化重整过程中，各类烃均可发生加氢裂化反应。例如，烷烃可发生加氢裂化反应生成小分子的烷烃；环烷烃可发生开环反应生成异构烷烃；芳烃可发生断侧链反应，生成小分子的烷烃和苯；含硫化合物、含氮化合物和含氧化合物可发生加氢裂化反应生成相应的烃及硫化氢、氨或水。

18. 各类烃脱氢反应的速率有何关系？

答：由于反应物及产物的不同，催化重整过程中所发生的脱氢反应的反应速率也有较大的差别。六元环烷烃的脱氢反应速率非常快，在工业装置操作条件下即可达到化学平衡；五元环烷烃的脱氢反应速率比六元环烷烃慢得多，但也可大部分转化成芳烃；烷烃的环化脱氢反应速率较慢，尤其是在铂重整过程中，烷烃转化生成芳烃的比例很小，而在铂铼及多金属重整过程中，烷烃转化生成芳烃的比例有了大幅度提高。

19. 催化重整过程中的副反应有哪些？

答：除主要的化学反应以外，催化重整过程中还可能发生脱烷基反应、歧化反应、烷基化反应、烯烃饱和反应和缩合生焦反应等副反应。

20. 催化重整过程中各反应对产物有何影响？

答：脱氢反应都是生成芳烃的反应，无论是从生产轻芳烃角度还是从生产高辛烷值汽油组分角度，这些反应都是有利的；异构化反应对五元环烷烃异构脱氢生成芳烃有重要意义，对烷烃来说，异构化反应虽不能直接生成芳烃，但有利于提高汽油的辛烷值，且异构烷烃的环化脱氢反应速率远远大于正构烷烃；加氢裂化反应生成小分子烃，且在加氢裂化反应的同时伴随着异构化反应，有利于汽油辛烷值的提高，但过多的加氢裂化反应会降低液体产品收率，故应适当控制加氢裂化反应的发生。

21．催化重整各反应器中的反应有何不同？

答：催化重整过程中的反应类型复杂，各反应的速率和难易程度差别很大。在前面反应器中所发生的是较易进行和反应速率较快的反应，而后面反应器中主要是发生不易进行和速率较慢的反应。

在催化重整装置的第一反应器中，主要发生环烷烃脱氢反应和烷烃异构化反应；第二反应器和第三反应器中除了继续进行未完成的环烷烃脱氢和烷烃异构化反应外，还会发生加氢裂化、烷烃脱氢环化和五元环烷烃异构脱氢等反应；而在最后面的反应器中主要进行的是烷烃脱氢环化和五元环烷烃异构脱氢反应，此外，还发生部分加氢裂化反应和缩合生焦反应。

22．生产高辛烷值汽油对催化重整反应过程有何要求？

答：当以生产高辛烷值汽油为催化重整过程的主要目的时，不仅要求产物汽油的辛烷值高，还要求 C_5 以上生成油的收率高,以保证较高的汽油收率。

23. 催化重整生成油辛烷值与收率有何关系?

答:当以生产高辛烷值汽油为目的时,C_5以上生成油的收率与辛烷值之间是矛盾的。图2-1为某汽油在催化重整过程中的化学反应、生成油收率和辛烷值之间的关系图。当环烷烃脱氢反应和烷烃异构化反应达到化学平衡时,汽油的收率较高,但辛烷值却并不高。超过环烷烃脱氢和烷烃异构化的平衡点以后,再进一步提高辛烷值需靠烷烃环化脱氢反应和加氢裂化反应来实现,而加氢裂化是以大幅度降低汽油收率(液收率)为代价来提高汽油辛烷值的。

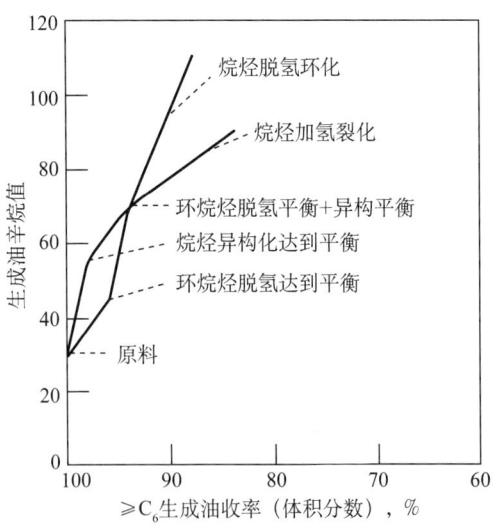

图2-1 某催化重整原料的生成油辛烷值与收率的关系

24．从化学平衡角度来看，催化重整反应有何特点？

答：在催化重整的主要化学反应中，除加氢裂化反应外，环烷烃的脱氢反应、烷烃的环化脱氢反应以及异构化反应等均为可逆反应，反应的转化深度受化学平衡的限制，转化率不可能达到100%。

25．六元环烷烃脱氢反应有何特点？

答：六元环烷烃脱氢生成芳烃的反应是催化重整过程中最具有代表性的化学反应。这类反应是强吸热反应，碳原子数越少，脱氢反应热越大；反应的化学平衡常数很大，且环烷烃的碳原子数越多，平衡常数越大，转化率也越高。

26．催化重整反应的热效应如何？

答：催化重整反应是一个复杂的平行—顺序反应，各种反应的热效应存在着较大的区别，其中既有吸热反应，也有放热反应。但整体来说，催化重整过程中的吸热反应占优势，所以催化重整反应过程是一个强吸热过程。

27．催化重整的反应热如何计算？

答：催化重整的反应热有多种计算方法，其中生成热法是计算反应热的最常用方法。催化重整反应可近似认为是恒压反应，反应热的计算公式如下：

$$\Delta H_T^\ominus = \Delta H_0^\ominus + \sum (H_T^\ominus - H_0^\ominus)_{产物} - \sum (H_T^\ominus - H_0^\ominus)_{反应物}$$

式中　$\Delta H_T^\ominus$、$\Delta H_0^\ominus$——在温度为 T 及 0K 时的反应热；

$H_T^\ominus$、$H_0^\ominus$——反应产物或反应物在温度为 T 及 0K 时的焓值。

28. 如何计算催化重整反应的化学平衡常数？

答：催化重整反应的化学平衡常数可用下式计算：

$$\Delta Z_T^\ominus = -RT \ln K_P$$

式中　K_P——温度为 T 时的平衡常数；

$\Delta Z_T^\ominus$——温度为 T 时标准等压位的变化。

$$\Delta Z_T^\ominus = \sum \Delta Z_{生成(产物)}^\ominus - \sum \Delta Z_{生成(反应物)}^\ominus$$

式中　$\Delta Z_{生成}^\ominus$——产物或反应物的标准生成等压位。

29. 催化重整过程中的焦炭是如何形成的？

答：催化重整过程中催化剂上的焦炭是由油品中的稠环芳烃和二烯烃缩聚而成的。尤其在反应器的后部，在较高的反应温度下，稠环芳烃进一步缩合，最终形成焦炭沉积在催化剂上。

30. 催化重整过程中的生焦反应与哪些因素有关？

答：催化重整过程的生焦量非常少，一般来说，生焦量的多少主要与原料性质和操作条件有关。生焦量与原料的分子大小及结构有关，馏分越重、含烯烃量越多的原料越容易生焦。同时，反应温度越高，操作压力越低，氢油比越小，也越容易生焦。

31．缩合生焦反应对催化重整有什么不利影响？

答：在正常操作条件下，催化重整过程中所发生的脱氢缩合反应很少，对催化重整催化剂和产物的影响几乎可以忽略。但当原料选取和操作条件控制不当时，有可能会导致明显的脱氢缩合反应，引起催化剂严重结焦，使催化剂的活性和选择性下降，进而降低催化重整汽油的辛烷值，劣化产物分布。

32．催化重整过程中焦炭在催化剂上的沉积有什么规律？

答：关于催化重整过程中焦炭在催化剂上的沉积位置，大多数研究者认为焦炭在催化剂的金属中心和酸性表面上均有沉积。相对而言，焦炭更倾向于沉积在催化剂的 Al_2O_3 载体上，在金属上的沉积较少。

33．影响催化重整反应的操作参数主要有哪些？

答：影响催化重整反应的主要操作参数包括反应温度、反应压力、氢油比和空速等。

34．反应温度对催化重整反应有何影响？

答：反应温度是催化重整的重要操作参数之一。催化重整过程中的主要反应几乎都是吸热反应，不论是从反应速率角度还是从化学平衡角度考虑，提高反应温度均有利于反应的进行。催化重整过程中的异构化反应和加氢裂化反应是放热反应，虽然从热力学角度来看，提高反应温度对这些反应不利，但由于这些反应的速率较慢，在实际工业操作条件下远未达到化学平衡，故提高反应温度也是有利的。

但并非反应温度越高越好，过高的反应温度会加剧裂化反应和生焦反应，使液体收率下降。

35. 如何确定催化重整反应的操作温度？

答：虽然适度提高催化重整的反应温度有利于反应的进行，但反应温度的提高还需要考虑以下几个因素：(1) 提高反应温度会加剧裂化反应，降低液体产物收率，加快催化剂的积炭失活；(2) 高温会影响催化剂的稳定性；(3) 高温对设备的材质和性能要求较高。

综合考虑各方面因素，工业上催化重整反应器的入口温度一般选择在 480～530℃。当使用铂催化剂时反应温度略低，而使用铂铼和铂锡等双金属催化剂或多金属催化剂时反应温度较高。

36. 催化重整各反应器的温度是如何分布的？

答：催化重整采用多个串联的绝热反应器，由于各反应器内的反应情况不一样，故各反应器的温度需要有一个合理的分布。催化重整过程中易于进行的环烷烃脱氢反应主要在前面的反应器内进行，而反应速率较低的加氢裂化反应和烷烃的脱氢环化反应主要在后续的反应器内进行。为了使各类反应都能够在一个合适的速率下进行，近年来，多数重整装置都采用前面反应器温度低、后面反应器温度高的操作方案。

37．催化重整各反应器的温降如何变化？

答：催化重整过程中的基本反应——六元环烷烃脱氢反应的吸热量大，反应速率快，主要集中在第一反应器内进行，所以第一反应器的温降最大。到了后面的反应器，吸热量大的反应逐渐减少，而难于反应的、吸热量较少甚至是放热的反应（如五元环异构脱氢、烷烃脱氢环化和加氢裂化等反应）增加，反应器的温降也随之减小。

38．如何计算催化重整反应的理论温降？

答：温降是加热炉设计过程的重要参数，也是考察反应深度的指标。催化重整反应的理论温降可按下式计算：

$$理论温降 = \frac{反应吸热 + 热损失}{物料量 \times 物料的平均比热容}$$

39．如何表示催化重整反应温度？

答：催化重整装置一般由 3～4 个反应器组成，且每个反应器床层内的温度是变化的，故一般使用加权平均温度来表示反应温度。

加权平均温度（又称权重平均温度）是考虑不同温度下催化剂的数量而计算得到的平均温度，分为加权平均入口温度（WAIT）和加权平均床层温度（WABT）两种。定义分别如下：

加权平均入口温度 $= C_1 T_{1入} + C_2 T_{2入} + C_3 T_{3入}$

加权平均床层温度 $= C_1 (T_{1入} + T_{1出})/2 + C_2 (T_{2入} + T_{2出})/2 + C_3 (T_{3入} + T_{3出})/2$

式中　C_1、C_2、C_3——分别为第一反应器、第二反应器、第三反应器内催化剂装填量占全部催化剂的分率；

　　　$T_{1入}$、$T_{2入}$、$T_{3入}$——各反应器的入口温度；

　　　$T_{1出}$、$T_{2出}$、$T_{3出}$——各反应器的出口温度。

40．以加权平均床层温度表示催化重整反应温度有何不足？

答：催化重整反应器内的温度沿床层不是线性变化的，各反应器的平均床层温度并不是入口温度和出口温度的算术平均值，而应是积分平均值或按照动力学原理计算得到的当量反应温度。实际上由于反应温度的积分平均值和当量反应温度不易求得，通常简单地以算术平均值来代替催化重整反应温度，其与床层内的实际温度有一定差别。

41．随反应的进行，应如何调整催化重整反应温度？

答：在催化重整反应过程中，由于缩合反应使催化剂结焦而活性逐渐降低，为了弥补催化剂活性的降低并维持足够的反应速率，反应温度应逐步提高，直到达到催化重整反应温度的上限。

42．反应压力对催化重整反应有何影响？

答：提高反应压力对生成芳烃的、分子数变多的环烷烃脱氢反应和烷烃脱氢环化反应都是不利的，相反却有利于加氢裂化反应。因此，从增加芳烃产率的角度来看，高压不利于催化重整反应。

低压下，催化重整反应可以得到较高的汽油辛烷值和芳烃产率，氢气的产率和纯度也较高。但低压下催化剂的积炭速率加快，使装置操作周期缩短。

催化重整反应压力一般用最后一个反应器的入口压力来表示。

43．如何选择催化重整过程的反应压力？

答：为了解决催化重整反应压力对产品性质、收率和催化剂失活速率影响之间的矛盾，炼油厂一般采用两种方法：一是采用较低的反应压力，经常再生催化剂；二是采用较高的反应压力，牺牲部分转化率以延长装置操作周期。选择最适宜的操作压力还需要考虑原料和催化剂的性质。

例如，高烷烃含量的原料和较重的馏分易于生焦，可以考虑采用较高的反应压力；对于容焦能力大、稳定性好的催化剂，可以采用较低的反应压力。

44. 如何根据催化剂的种类选择反应压力？一般催化重整装置采用的反应压力是多少？

答：对于铂铼等双金属和多金属催化剂，其具有较好的稳定性和容焦能力，可以采用较低的反应压力，这样可以保证既有较高的芳烃转化率，又有较长的反应周期；而对于稳定性和容焦能力较差的铂催化剂，一般采用较高的反应压力。

工业装置中，半再生式铂铼重整装置的反应压力一般为 1.8MPa 左右，半再生式铂重整装置的反应压力为 2～3MPa。连续再生式重整装置的反应压力约为 0.8MPa，新一代连续再生式重整装置的反应压力甚至可低至 0.35MPa。

45. 从操作压力方面来看，催化重整装置的发展趋势是什么？

答：较高的反应压力可以减少深度脱氢和缩合反应而生成的焦炭，延缓催化剂的失活速率。但从热力学方面来看，高压不利于芳烃的生成，且易于加剧加氢裂化反应。因此，降压操作是催化重整近年来的发展趋势之一。

尤其是近年来连续重整的快速发展，催化剂连续再生工艺削弱了催化剂活性对积炭速率的敏感性，加上高稳定性催化剂的开发成功，使催化重整装置可以在超低压力下运转，并可达到高转化率、高选择性和低操作费用的目的。

46. 降低催化重整装置反应压力需采取哪些措施？

答：要降低催化重整装置的整体压力，首先要降低系统的压降，一般采取的措施有：

(1) 采用低压降的径向反应器代替轴向反应器。

(2) 采用大型单管程立式换热器或板式换热器代替 U 形管换热器。

(3) 加热炉炉管增加并联流程。

(4) 空气冷却器减少管程数，水冷却器增加并联流程。

(5) 装置整体布置紧凑，缩短管线长度，并适当增加管径。

47. 压降对催化重整反应有何影响？

答：压降不仅影响系统的反应压力，而且还会影响循环氢压缩机的功率消耗。当系统压降过大时，循环氢压缩机就不能维持正常的操作压力而被迫停工，影响装置的经济效益和运行效率。

48. 空速的定义是什么？有何意义？

答：空速是指单位时间进入反应器的原料量与反应器内催化剂的藏量之比。当进料和催化剂都以质量单位计算时，空速为质量空速；若以体积单位计算，空速则为体积空速。

催化重整装置的空速通常采用液时空速（即体积空速，LHSV）来表示。

$$LHSV = \frac{每小时进料量}{反应器中的催化剂体积}, h^{-1}$$

空速可以反映反应时间的长短,对于一定的反应器,空速越大,反应时间越短,装置的处理能力越大。

49. 如何确定催化重整装置的空速?

答:催化重整过程中各类反应的速率是不一样的,故空速对各类反应的影响不同。对于环烷烃含量高的原料,反应速率快,易于达到化学平衡,可以采用较大的空速;而对于烷烃含量高的原料,则需要采用较小的空速以保证转化率。

空速的大小还与催化重整反应温度和催化剂的活性有关。目前工业上铂重整装置的空速一般在 $3h^{-1}$ 左右,铂铼重整装置的空速一般采用 $1.5 \sim 2h^{-1}$。

50. 空速如何影响催化重整产物的收率?

答:空速代表反应时间的长短,在一定范围内提高空速,可以在保证环烷烃脱氢反应充分进行的同时,减少加氢裂化反应,从而得到较高的芳烃产率和液体收率。

51. 催化重整反应过程中为什么要使用循环氢?

答:催化重整过程中使用循环氢的主要目的是抑制生焦反应,保护催化剂。此外,循环氢还可以起到热载体的作用,减小反应器床层温降,提高反应器的平均温度。循环氢还可以稀释原料，使原料更充分地分布到反应器床层内。

52. 什么是氢油比？有何意义？

答：氢油比是指进入反应器的氢气流量（包括循环氢）与原料油量之比。氢油比既可以是体积比，也可以是摩尔比，一般工业生产中常采用体积比，而科学研究中多采用摩尔比。

催化重整装置中，在总压保持不变的情况下，提高氢油比就意味着提高了氢分压，有利于抑制催化剂上的积炭生成而保护催化剂。

53. 过高的氢油比对催化重整反应有什么不利影响？

答：提高氢油比意味着提高了氢分压，有利于抑制缩合生焦反应，但同时会使循环氢量增加，压缩机的功率消耗增大。此外，提高氢油比还会缩短反应时间，进而降低重整转化率。

54. 催化重整过程的氢油比一般是多少？

答：氢油比的选择受原料和催化剂性质的影响。对于稳定性较高的催化剂和生焦倾向小的原料，可采用较小的氢油比，反之则采用较大的氢油比。

工业装置中，铂重整装置的氢油摩尔比一般为 5～8，铂铼重整装置的氢油摩尔比一般小于 5，连续重整装置的氢油摩尔比一般为 1～3。

55. 催化重整反应的动力学模型是什么？

答：催化重整反应过程中的物质包括了氢气和从 C_1 到 C_{12} 的烃，化合物总数在 300 个左右，按单体化合物来建立动力学模型是不可能的。在目前的动力学模型研究报道中，基本上都是采用集总动力学模型的方法，且考虑到氢气大量过剩，将各类烃的反应都按照一级反应或拟一级反应来处理。

56. 什么是集总动力学模型？

答：集总动力学模型是一种处理复杂反应体系动力学的常用方法。所谓集总（Lumping），就是将一个复杂反应体系按照动力学特性相似的原则，把各类分子划分成若干个集总组分（Lump），并将体系当作虚拟的多组分体系进行动力学处理。

以虚拟的集总为组分，建立微分方程，并考虑影响反应速率常数的诸多因素，就可以建立起一个反应动力学数学模型，称为集总动力学模型。

第三章 催化重整的工艺流程

1. 催化重整工艺的发展经历了哪几个阶段？

答：从时间顺序和所用催化剂方面来划分，催化重整工艺主要经历了三个发展阶段。

(1) 临氢重整工艺。

临氢重整工艺是 20 世纪 40 年代发展起来的以 Cr_2O_3 和 MoO_3 等为催化剂活性组分的重整工艺，主要采用固定床重整和流化床重整两种工艺。该工艺过程的催化剂活性不高，所产汽油的辛烷值也不太高，反应积炭使催化剂活性快速降低，装置处理能力小，操作费用高，第二次世界大战后很快被铂重整工艺所取代。

(2) 铂重整工艺。

铂重整工艺于 1949 年开发成功并实现工业化，以活性高、稳定性和选择性好的 Pt/Al_2O_3 作为催化剂，采用固定床反应器，液体产物收率高，而且反应运转周期长，一般可连续生产半年以上而不需要再生催化剂。

(3) 现代催化重整工艺。

1967 年，Chevron 公司成功开发出铂铼双金属重整催化剂，标志着现代催化重整工艺的开始。现代催化重整工艺采用双金属和多金属催化剂，其突出特点是催化剂容炭能力强，有较高的稳定性，可以在较高的温度和较低的氢分压下操作而仍能保持良好的活性，催化重整汽油的辛烷值高，且催化重整汽油、芳烃和氢气的产率也较高。现代重整工艺有固定床重整和移动床重整两种工艺。

2. 催化重整的工艺流程主要包括哪几部分？

答：催化重整的生产目的不同，催化重整的工艺流程也有所不同。

无论是生产高辛烷值汽油还是生产轻芳烃，催化重整的工艺流程中都包括原料预处理和催化重整反应两大部分。

当以生产轻芳烃为目的时，催化重整工艺流程中还设有轻芳烃分离部分，包括反应产物后加氢（使其中的烯烃饱和）、芳烃溶剂抽提和混合芳烃精馏等单元过程。

3. 催化重整的原料预处理包括哪几部分？作用是什么？

答：催化重整的原料预处理过程一般包括预分馏、预脱砷和预加氢三部分。

预分馏的作用是切取沸程合适的催化重整原料。一般情况下，进入催化重整装置的原料是常压蒸馏塔塔顶小于180℃（生产高辛烷值汽油时）或小于130℃（生产轻芳烃时）的汽油馏分，在预分馏塔中，小于80℃或小于60℃的轻馏分被切除，同时原料中的部分水分被脱除。

预脱砷的作用是脱除掉催化重整原料中可引起催化剂永久性失活的元素砷。当原料中砷含量较低时,砷的脱除也可以在预加氢过程中完成。

预加氢的作用是脱除原料中对催化重整催化剂有害的杂质,使杂质含量达到要求,同时使烯烃饱和以减少催化剂上的积炭,从而延长装置的操作周期。

4. 预分馏的形式主要有哪几种?

答:催化重整装置预分馏的方式可以根据原料的馏程分为三类:(1)原料的终馏点由上游控制而初馏点过低,采用单塔流程除去原料中的轻组分即可,这也是工业上最常见的一种情况;(2)原料的初馏点符合要求而终馏点过高,也采用单塔流程,塔顶轻组分作为催化重整进料;(3)比较少见的是原料的初馏点和终馏点都不合格,这种情况可以采用双塔流程或是单塔开侧线流程。双塔流程分别切除轻、重组分,而单塔开侧线流程则是取侧线产品作为催化重整进料。

5. 催化重整原料对砷含量有什么要求?

答:砷在催化重整原料中含量极少时,就可与铂结合生成不具有催化活性的 PtAs,从而引起催化剂的永久性失活。因此,催化重整原料对砷含量具有极高的要求,一般要求催化重整原料中的砷含量不大于 1ng/g。

6. 预脱砷的方法有哪几种?

答:催化重整原料的预脱砷可以采用吸附法、化学氧化法和加氢法。

（1）吸附脱砷法比较简单，所用吸附剂是浸渍有硫酸铜的硅铝小球，吸附在常温下进行。吸附剂通过化学吸附将砷化物脱除。

（2）化学氧化法又称过氧化氢异丙苯（CHP）氧化脱砷法，催化重整原料与 CHP 在 80℃下反应 30min，可脱除原料中 95% 左右的砷化物。该方法最大的问题是氧化废渣难于处理。

（3）加氢法是在一定的氢压作用下，让原料中的砷与脱砷剂作用转化成相应的砷化物进而将砷脱除。

7. 影响加氢预脱砷过程的反应条件有哪些？

答：影响加氢预脱砷过程的反应条件如下：

（1）反应压力。压力升高，脱砷效果越明显，但压力大于 1.0MPa 后，增加反应压力对脱砷影响较小。

（2）反应温度。反应温度升高，脱砷反应速率增加。催化重整原料在较低的反应温度下即可达到较高的脱砷率，故反应温度不宜太高，一般为 260～340℃。随着操作周期的增长，催化剂因积炭而活性下降，反应温度应逐步提高。

（3）空速。催化重整原料的脱砷反应速率很快，可以采用较大的空速。如直馏石脑油的液时空速在 6～20h^{-1}。

（4）氢油比。氢油比增加，有利于减缓催化剂的失活速率，但同时会增加循环氢用量，进而增加氢耗与能耗。加氢脱砷过程的氢耗一般较低，可根据原料性质确定氢油比。

8. 预加氢的操作条件是什么？

答：预加氢是一个催化反应过程，催化剂一般采用钼酸钴、钼酸镍或者复合的 W-Ni-Co 催化剂。典型的预加氢反应条件：压力为 2.0~2.5MPa，氢油体积比（标准状态）为 100~200，空速为 4~10h^{-1}，氢分压约为 1.6MPa。当原料中氮含量较高时，反应压力相应提高。

9. 催化重整原料预处理过程中所用的氢气是从哪里来的？

答：催化重整原料预处理过程中所用的氢气通常是由催化重整反应所产生的氢气经处理后提供的。

有的催化重整装置预处理过程所用氢气是一次通过的，预处理尾氢不循环，预处理的氢油比由催化重整产氢的多少而定；有的催化重整装置预处理过程带有循环氢压缩机，催化重整反应过程只提供补充氢，装置氢油比较高，系统压力也比较高。

10. 为什么要控制预加氢循环气中的 H_2S 含量？

答：H_2S 的存在将会使预加氢的脱硫效率降低，对含硫量较高的原料影响更大。此外，H_2S 还会影响催化剂的活性。因此，在加工高硫原料时，预加氢系统应增设酸性气脱硫工序,以降低循环气中的 H_2S 含量。

11. 预加氢工艺流程有哪几种？各有何特点？

答：催化重整原料预加氢工艺可以分为氢气一次通过、氢气循环和两段加氢工艺三种。

（1）氢气一次通过流程。

催化重整生成氢全部作为预加氢装置的氢源。为了提高预加氢系统的操作压力，可用氢气压缩机对催化重整生成氢进行增压。

（2）氢气循环工艺流程。

通过氢气压缩机，将预加氢高压分离器分出的含氢气体加压循环使用，不仅可以提高预加氢系统的系统压力，还可提高系统的氢气循环量，有利于提高装置的处理能力。

（3）两段加氢工艺流程。

在两段反应器内装填不同种类和性能的催化剂，采用不同的反应条件完成预加氢过程。可以根据原料的性质和组成使不同的反应在最优的催化剂性能和操作条件下完成。两段预加氢工艺可以处理含杂质较多的劣质原料，使催化重整的加工方案更加灵活。

12. 催化重整原料预加氢后为何要对产物进行汽提？

答：由于相平衡的原因，冷却后的预加氢产物在油气分离器中进行气液分离后，液相产物中仍溶有部

分 H_2S、NH_3、H_2O 和 HCl 等杂质，在催化重整反应过程中会对催化剂造成一定的危害。为保护催化重整催化剂，必须通过汽提除去加氢生成油中溶解的杂质。

催化重整要求原料中的水分含量很低，以免影响反应过程中的水氯平衡，但一般汽提很难达到要求。工业上一般采用蒸馏汽提的方法以脱除加氢生成油中的杂质，而不采用惰性气体直接气提。这是因为直接气提满足不了催化重整进料对水分和硫含量的要求。

蒸馏汽提塔实际上是一个蒸馏塔，塔顶产物是水和少量的轻烃。

13. 什么是深度脱硫？有哪几种工艺流程？

答：现代双金属和多金属催化重整催化剂对原料中含硫量的要求越来越严格，甚至要求无硫操作（硫含量小于 0.1mg/kg），仅靠传统的预加氢已难于保证催化重整进料中的硫含量达到要求。为降低重整进料中的硫含量，近年来开发了多种深度脱硫技术。

工业上应用的深度脱硫工艺均为吸附脱硫，可分为液相脱硫和气相脱硫两种工艺流程。两种工艺均是在相应的相态下，让催化重整原料通过高选择性的脱硫剂以脱除预加氢生成油中的微量硫。

14. 深度脱硫有什么好处？

答：深度脱硫的好处如下：
（1）深度脱硫可提高催化剂寿命，使催化剂的性能得到更好发挥,进而延长催化重整装置的运转周期。

(2) 深度脱硫可以提高催化重整装置的液体产品收率和氢气收率。

(3) 深度脱硫可以提高催化重整装置的经济效益。

但也有研究表明,催化重整原料中的硫含量不宜低于 0.1×10^{-6}(质量分数),否则可能会影响催化重整催化剂的深度脱氢和氢解性能。

15. 催化重整原料完全脱除硫好不好?

答:硫是催化重整催化剂的毒物,会引起催化剂的中毒失活,但催化重整原料完全脱除硫也会给催化重整过程带来不利影响。如若催化重整原料中硫含量低于 $0.15\mu g/g$,在高温低压条件下,系统设备管线的金属表面催化作用会导致丝状炭的生成,丝状炭凝结成炭块会损害催化重整反应器的内部构件,损伤催化剂。

16. 催化重整原料为何要脱氯?如何脱氯?

答:催化重整原料直馏石脑油中的氯主要以有机氯的形式存在。含氯原料经预加氢后生成 HCl,会造成设备腐蚀和堵塞,影响装置的正常运转。

工业上为解决氯对预加氢装置和下游设备及催化剂的危害,在预加氢单元增加脱氯罐以脱除无机氯,对有机氯的脱除则只能依靠加氢方法。

17. 催化重整工艺主要有哪几种类型?

答:根据催化剂再生方式不同,催化重整工艺主要有三种类型：

（1）半再生重整。

采用固定床反应器，反应和再生在相同的反应器内间歇进行，反应进行一段时间后，催化剂活性因积炭而下降，停止反应，使催化剂进行烧焦、氯化更新和干燥。受催化剂失活的影响，反应苛刻度较低。

（2）循环再生重整。

反应器也是采用固定床结构，但多设一台反应器，在催化重整过程中，可以轮流有一台反应器切换出来进行原位再生。由于催化剂可以经常进行再生，受失活影响较低，反应苛刻度可以较高。

（3）连续重整。

采用移动床反应器，设有催化剂循环和再生系统，催化剂可以在反应器和再生器之间循环移动，连续完成反应和再生过程。由于催化剂可以连续进行再生，反应的苛刻度大幅度提高，且催化重整生成油的辛烷值和芳烃产率均较高。

18．现代催化重整工艺的特点是什么？

答：现代催化重整工艺的特点如下：

（1）双金属和多金属催化剂的广泛应用是现代催化重整工艺的重要特点。目前工业上应用最多的催化剂是 $Pt-Re/Al_2O_3$ 和 $Pt-Sn/Al_2O_3$ 催化剂。

（2）现代催化重整主要采用固定床和移动床两种工艺，催化剂的移动床连续再生工艺也是现代催化重整的主要特点。

(3) 操作压力的降低是现代催化重整工艺的特点之一和发展趋势。

19. 什么是麦格纳重整？

答：麦格纳重整（Magnaforming）又称分段混氢式或两段混氢式催化重整过程。

麦格纳重整工艺的主要特点是将循环氢分为两路，一路从第一反应器进入，另一路则从第三反应器进入，根据各反应器中反应的特点来控制操作条件。如前面的反应器中环烷烃脱氢的反应速率快，采用低温、低氢油比和高空速操作，以抑制加氢裂化反应；后面反应器中的烷烃芳构化、异构化和加氢裂化的反应速率慢，则采用高温、高氢油比和低空速操作，有利于反应的进行，同时防止催化剂高温失活，延长装置操作周期。

麦格纳重整工艺的液体收率较高，而装置能耗有所降低。

20. 固定床半再生催化重整装置和连续重整装置的主要区别是什么？

答：固定床半再生催化重整装置的主要特征是采用3～4个固定床反应器串联，采用间歇操作方式，每0.5～1年停止进油，全部催化剂就地再生一次。连续重整装置的主要特征是设有专门的再生器，反应器和再生器都采用移动床反应器，催化剂在反应器和再生器之间不间断地进行循环反应和再生，一般每 3～7 天全部催化剂再生一遍。

21．连续重整装置有何工艺特点？

答：连续重整装置的催化剂依次连续地流过串联的 3 个或 4 个移动床反应器，积炭后的待生剂由重力或气体提升到再生器进行连续再生，恢复活性后的再生剂返回到第一反应器中进行反应，催化剂在系统内形成一个闭路循环。由于催化剂可以频繁地进行再生，反应始终在接近于新鲜催化剂的最佳条件下操作，所以可采用比较苛刻的反应条件，即低反应压力（0.8～0.35MPa）、低氢油分子比（4～1.5）和高反应温度（500～530℃）。此工艺更有利于烷烃的芳构化反应，催化重整生成油的研究法辛烷值达 100 以上，液体收率和氢气产率也较高。

22．与固定床重整装置相比，连续重整的优点有哪些？

答：连续重整装置针对催化重整反应的特点，提供了更为适宜的反应条件，改善了烷烃的芳构化反应，可以获得较高的芳烃产率、液体收率和氢气产率。

23．目前工业上的连续重整工艺主要有哪几种？有何主要区别？

答：目前工业上所采用的连续重整工艺主要有重叠

式和并列式两种,这两种工艺有较大的区别,其代表性装置分别是UOP公司的连续重整(图3-1)和IFP公司的连续重整(图3-2)。

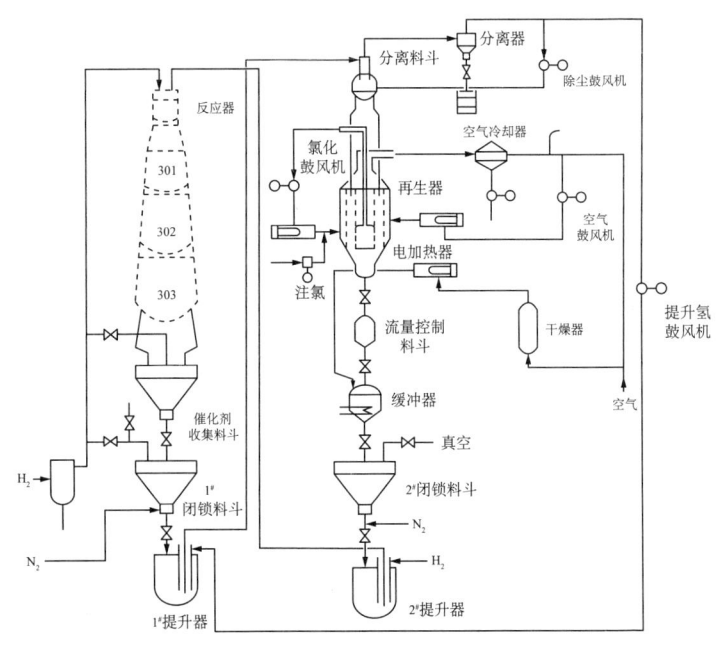

图3-1 UOP连续重整反应—再生系统流程

UOP连续重整和IFP连续重整所采用的反应条件基本相似,也都使用铂锡催化剂。从外观来看,UOP连续重整的3个反应器是叠置的,催化剂依靠重力自上而下依次流过各个反应器,从最后一个反应器出来的待生催化剂用氮气提升至再生器顶部。IFP连续重整的3个反应器则是并行排列的,催化剂在每两个反应器之间用氢气提升至下一个反应器的顶部,从最后一个反应器出来的待生剂则用氮气提升到再生器的顶部。

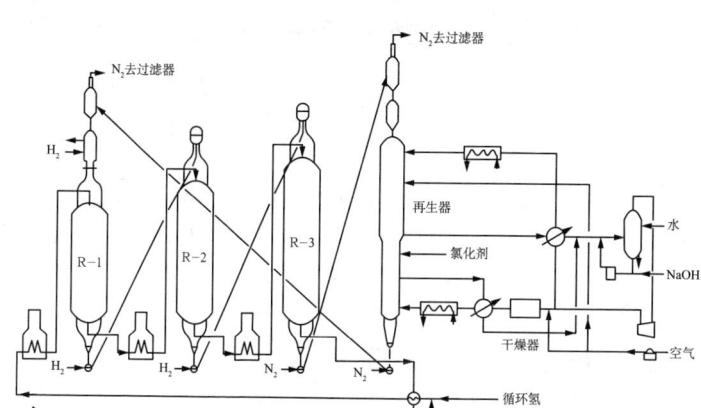

图 3-2　IFP 连续重整反应—再生系统流程

24．催化重整装置为何采用多个反应器串联的形式？

答：催化重整装置一般设 3～4 个反应器，反应器采用绝热反应器。由于催化重整反应是强吸热反应，反应温度随着反应深度的增加而下降，反应速率和芳烃转化率随之降低，导致最终得不到高的芳烃产率或高辛烷值汽油。

因此，在催化重整反应过程中，为了避免反应温度下降过多，影响反应的进行，通常采用几个反应器串联的形式，每两个反应器之间设加热炉进行加热，以保证所需的反应温度。

25．催化重整装置的再生方式有哪几种？

答：工业催化重整装置的再生分为固定床再生和移

动床再生两种方式。

半再生固定床重整装置的催化剂再生采用原位再生，催化剂不必从反应器内卸出，停止反应，催化剂经过处理后在反应器内再生，反应器也就是再生器。

连续重整装置的再生和反应在不同的设备内进行，其再生器的特点是径向烧焦、轴向氧氯化和干燥。移动床再生又分为一段再生和两段再生。

26．什么是组合床重整工艺？

答：组合床重整工艺前端采用固定床反应器，后部或最后一台反应器采用移动床反应器，并设置一套催化剂连续再生系统，使后部积炭失活较快的催化剂可以连续进行再生。UOP、IFP及国内都有相应的工艺技术。

27．工业上应如何选择催化重整装置的工艺形式？

答：固定床半再生重整装置和移动床连续重整装置是工业重整装置的主要形式。虽然连续重整装置具有诸多优点，但并不是新建装置的唯一选择，在选择何种技术时应当根据具体情况做出全面的综合分析。

连续重整装置再生部分的投资占总投资的比例很大，装置的规模越小，其所占的比例越大，因此规模小的装置采用连续重整是不经济的。近年新建连续重整装置的处理能力一般都在 $60 \times 10^4 t/a$ 以上。

原料性质和产品需求是另一个应当考虑的重要因

素。原料油的芳烃潜含量越高，连续重整与半再生重整在液体产品收率及氢气产率方面的差别也越小，连续重整的优越性相对下降。随着其他工艺的发展，近年来对催化重整汽油辛烷值的要求有所降低，促使催化重整装置降低反应苛刻度，在一定程度上也削弱了连续重整的相对优越性。

28．催化重整过程中循环氢的作用是什么？

答：为了抑制催化重整催化剂快速积炭失活，反应系统中需要有较高的氢分压，为此反应系统需要有大量的循环氢。同时，循环氢作为热载体还可以改善反应器的温度分布。

由反应器出来的反应产物经换热后进入产物分离罐，罐顶出来的含氢气体经循环氢压缩机压缩后与原料油混合，经换热升温后再进入反应器参与反应，完成一个循环回路。

重整循环氢纯度的变化可以表征脱氢反应程度和催化剂选择性的变化。循环氢纯度高，说明催化剂的脱氢活性或选择性好；循环氢纯度降低，气体中烃类含量增加，表明加氢裂化反应加剧，催化剂的选择性变差，催化重整过程的液体产品收率下降。

29．什么是两段重整工艺？

答：两段重整工艺就是在催化重整装置前部的反应器和后部的反应器内分别装入不同牌号、不同性能的催化剂，以优化催化重整反应、获得最佳的重整效果。

一般来说，前部反应器可装入抗干扰能力强的催化剂，以抵抗杂质的干扰；后部反应器装入稳定性好的催化剂，提高反应效果。例如：较高铼铂比的催化剂有更高的稳定性，前面的反应器可装填较低铼铂比的催化剂，而后面的反应器则装填铼铂比较高的催化剂，较所有反应器均装填较低铼铂比催化剂，反应效果明显改善。

30. 催化剂在催化重整反应器中的装填量为什么前部少、后部多？

答：催化重整过程中各反应器中的条件不同，所进行的主要反应也不同。前部反应器压力高，主要发生反应速率快的强吸热环烷烃脱氢反应，空速可以高一些，且床层温降大，床层平均温度低，故催化剂的装填量较少。而后部反应器的反应压力低，主要发生反应速率较慢的异构化和加氢裂化等反应，且反应生焦严重，为维持催化剂较高的平均活性，所装填的催化剂应多一些。

31. 催化重整各反应器催化剂的装填比例是多少？

答：催化重整各反应器催化剂的装填比例应通过试验和分析来找出最优方案。目前工业上催化重整装置各反应器催化剂的装填比例多采用以下经验数据：三个反应器时的催化剂装填比例一般约为 1.5：3.5：5，四个反应器时的催化剂装填比例一般约为 1：1.5：2.5：5。这个比例基本与各反应器中的反应情况相对应。

催化重整反应器的总催化剂装填量由处理量和液时空速确定,而各个反应器的具体催化剂装填量则由总装填量与各反应器装剂比例计算而得。

32. 催化重整各反应器前为什么都要设置加热炉?

答:催化重整过程中的大多数反应都是吸热反应,且吸热反应的热效应较大,造成催化重整反应器后部的温度和反应速率较低,不利于催化重整反应的进行。因此,为了维持催化重整反应系统中较高的平均反应温度,将催化重整反应器分成几段,每段前都设有加热炉,提升由于反应吸热而引起的温降。重整加热炉中的被加热物流为油气和循环氢气。

33. 什么是再接触?作用是什么?

答:反应压力是反映催化重整技术水平的一个重要标志,压力越低,催化重整油和副产氢气的收率就越高。但当系统压力过低时,重整产氢的纯度相对降低,并夹带大量的轻烃。为了回收副产氢气中所夹带的轻烃、提高氢气纯度以及提高液收率,需增设再接触部分,即在加压条件下,使催化重整生成油与含氢气体再次接触,重新建立物料平衡,将含氢气体中的轻烃溶解在油中,使催化重整油收率和氢气纯度提高。

34. 催化重整工艺流程中为什么要设置稳定塔？

答：从催化重整反应器及再接触出来的催化重整生成油中除了含有 C_{5+} 以上的烃类外，还含有少量的 C_1 至 C_5 组分，在送出装置前，需经稳定塔（脱丁烷塔或脱戊烷塔）将这些轻组分脱除。一般稳定塔顶出液化气或戊烷油和燃料气，塔底出稳定汽油或脱戊烷油。

35. 当以生产轻芳烃为目的时，催化重整生成油为什么要进行后加氢？

答：当以生产轻芳烃为目的时，由于催化重整过程中的加氢裂化反应生成少量烯烃，而烯烃在芳烃抽提过程中易于混入芳烃而影响芳烃的纯度，故在进行芳烃抽提前需先对生成油进行加氢以饱和其中的烯烃。

生成油后加氢过程所使用的催化剂是钼酸钴和钼酸镍，反应温度为 320～370℃。近年国内开发的含钯后加氢催化剂可以在反应压力为 1.4MPa，温度为 170℃ 的较缓和条件下进行反应，效果较好。

36. 当以生产轻芳烃为目的时，产物的后续处理流程是什么？

答：对于以生产轻芳烃为目的的重整工艺，后续需对产物进行分离以获得苯、甲苯和二甲苯。

分离芳烃的方法主要有溶剂抽提法、吸附分离法和抽提蒸馏法，工业上使用最多的是溶剂抽提法。

催化重整生成油进后处理系统，先进入芳烃抽提装置，采用溶剂进行选择性抽提，将芳烃与非芳烃分开。目前使用的溶剂主要是环丁砜和四乙二醇醚。

溶剂抽提后的混合芳烃进一步经精馏以切割为苯、甲苯和混合二甲苯等化工产品。

37. 芳烃抽提系统通常由哪几部分组成？

答：芳烃抽提系统通常由芳烃抽提、溶剂回收和抽出油后处理三部分组成。

芳烃抽提的主要作用是分离芳烃和非芳烃；溶剂回收是为了回收抽提溶剂再次利用；抽出油后处理是将得到的混合芳烃进一步分离成纯度符合要求的苯、甲苯和二甲苯等。

38. 芳烃抽提的原理是什么？

答：芳烃抽提的基本原理是基于各烃类组分在所选溶剂中的溶解度不同，当溶剂与原料进行液—液接触时，溶剂对原料中的芳烃和非芳烃进行选择性溶解，形成组成和密度不同的两相，从而把所需组分从原料混合物中分离出来。由于抽提过程中形成密度不同的两相，可以很方便地实现分离。

39. 对芳烃抽提的溶剂有何要求？

答：催化重整生成油中芳烃和非芳烃的沸点相近或可形成共沸物，需根据它们在溶剂中的溶解度不同进行分离。溶剂是芳烃抽提的关键，一般来说，溶剂应满足以下要求：

(1) 具有较好的选择性，对芳烃的溶解度大，而对非芳烃的溶解能力小。

(2) 与原料的密度差大，易于两相分层。

(3) 与芳烃的沸点差大，便于溶剂回收。

(4) 比热容及蒸发潜热小，过程的能耗低。

(5) 热稳定性和化学稳定性好。

(6) 毒性及腐蚀性小。

(7) 廉价易得。

40．什么是抽提蒸馏？

答：通过向系统中加入比原有组分沸点高的溶剂，改变关键组分之间的相对挥发度，从而分离一般常规蒸馏不能分离的体系，加入的溶剂随塔底产物一起离开蒸馏塔，这种分离过程称为抽提蒸馏。

41．芳烃精馏的基本原理是什么？

答：精馏的实质是根据被分离混合物中各组分的相对挥发度不同，使气液两相进行多次气化和冷凝，以进行传热和传质，在每一次的传热与传质过程中，低沸点的轻组分在气相中得到浓缩，高沸点的重组分在液相中得到浓缩，进而达到分离混合物的目的。

42．芳烃精馏有哪几种流程？

答：芳烃精馏一般有两种工艺流程：(1) 三塔流程，用来生产苯、甲苯、混合二甲苯和重芳烃；(2) 五塔流程，用来生产苯、甲苯、乙基苯、混合二甲苯和重芳烃。

第四章 催化重整催化剂

1. 什么是催化剂？有何特点？

答：催化剂是指加入反应系统后能明显改变化学反应速率，而自身的数量及化学性质不发生变化的物质。

催化剂的特点：（1）只能改变热力学上可能进行的反应，不可能对那些从热力学角度判断不可能进行的反应起促进作用；（2）只能加快反应速率，不能改变化学反应平衡，催化剂是正反应的促进剂，同时也是逆反应的促进剂；（3）催化剂提高反应速率，主要是改变了反应历程，降低了反应的活化能；（4）催化剂对化学反应速率和产品的收率和质量都起着决定性作用。

2. 催化重整催化剂主要由哪几部分组成？

答：现代催化重整催化剂一般由金属活性组分、助催化剂和酸性载体组成。

金属活性组分在催化重整过程中主要起促进烃类脱氢反应的作用，现代催化重整催化剂的活性金属主要采用铂元素。

助催化剂的主要作用是改善催化剂的活性、选择性和稳定性，目前使用比较多的是铼、锡、铱和钛等元素。

酸性载体的主要作用：担载活性组分，使其均匀分散；提供较大的活性金属比表面积，节约金属用量和催化剂成本；同时提供异构化和裂解性能。目前采用比较多的酸性载体为含卤素的 $\gamma-Al_2O_3$。

3. 什么是双功能催化剂？催化重整为什么使用双功能催化剂？

答：所谓双功能催化剂，就是指同时具有两种活性中心和催化作用的催化剂。催化重整催化剂，一方面具有金属功能，可以促进烃类分子的加氢反应和脱氢反应；另一方面具有酸性功能，可以促进烃类分子的重排反应和裂化反应。

催化重整反应主要包括两类：脱氢反应和裂化异构化反应。这也就要求催化重整催化剂具有两种催化功能，在催化重整催化剂中，铂构成脱氢活性中心，促进脱氢和加氢反应；酸性载体则提供酸性中心，促进裂化和异构化等正碳离子反应。

4. 双功能催化剂的两种功能是如何发挥作用的？

答：催化重整催化剂的两种功能在反应过程中相互配合，促进催化重整反应的进行。以正己烷的环化脱氢反应为例：正己烷首先在金属活性中心上脱氢生成正己烯，之后正己烯转移到附近的酸性中心上，接受质子形成仲正碳离子，仲正碳离子在酸性中心上生成甲基环戊烷，甲基环戊烷进一步发生异构化反应生成环己烷，环己烷再转移到金属活性中心上脱氢生成苯。

5．什么是催化剂的活性、选择性和稳定性？

答：催化剂的活性是指催化剂加速化学反应的能力。一般来说，催化剂的活性越强，反应的速率越快，原料的转化率越高。

在催化反应过程中，总是希望催化剂能有效地促进可以增加目的产物收率或改善产品质量的反应，而对其他不利反应不起或尽量少起促进作用。催化剂的选择性就是指催化剂促进目的反应能力的大小。催化重整催化剂的选择性可以采用辛烷值选择性指数或芳烃选择性指数来表示。

催化剂的稳定性是指催化剂在使用过程中保持活性和选择性不变的能力。

6．什么是催化剂寿命？

答：催化剂寿命是指单位质量催化剂由始至终处理原料油的总量，计算式如下：

$$催化剂寿命 = \frac{原料油累计进料量}{反应器内催化剂总装入量}$$

7．对催化重整催化剂的两种功能搭配有什么要求？

答：催化重整催化剂的两种功能在反应中需有机结

合,并不是互不相干的。在催化重整反应过程中,烃类分子交替在催化剂的两种活性中心上进行反应,其中反应速率最慢的阶段起决定性作用,因此,为得到满意的结果,催化重整催化剂的两种功能必须适当配合。催化剂如果只是脱氢活性很强,则只能加速六元环烷烃的脱氢反应,而五元环烷烃和烷烃的芳构化反应及烷烃的异构化反应则不足,不能达到提高汽油辛烷值和芳烃产率的目的。反之,催化剂如果只是酸性功能很强,则会发生过度的加氢裂化反应,使液体产物收率下降,五元环烷烃和烷烃转化为芳烃的选择性下降,也不能达到预期的目的。

8. 催化重整催化剂的活性金属主要有哪些?

答:可以担载在氧化铝载体上作为活性组分的金属有很多,但各种金属的原子结构不同,加氢、脱氢的活性也有所不同。各种担载在氧化铝载体上的活性组分的相对活性见表4-1。

表4-1 催化重整催化剂上各活性组分的相对活性

序号	活性组分	质量分数,%	相对活性
1	铂(Pt)	0.6	1.0
2	铱(Ir)	0.6	0.7
3	铑(Rh)	0.6	0.3
4	钯(Pd)	0.6	0.15
5	氧化钼(MoO_3)	15.4	0.10
6	氧化铬(Cr_2O_3)	27.2	0.01

注:表中相对活性数据以铂的相对活性为基准。

9. 催化重整催化剂的活性组分含量是不是越高越好？

答：一般来说，催化剂的脱氢活性、稳定性和抗中毒能力随铂含量的增加而增强。但铂是贵金属，催化重整催化剂的制备成本主要取决于铂含量。研究表明，当催化剂上铂含量接近1%（质量分数）时，再继续提高铂含量意义不大。随着催化剂制备技术的提高，催化重整催化剂的铂含量趋向于降低。工业用催化重整催化剂的铂含量大多为0.2%～0.3%（质量分数）。

近年来，铂铼双金属重整催化剂逐渐取代了单铂催化剂。铼的主要作用是提高催化剂的容炭能力和稳定性，延长装置运转周期，使反应苛刻度得以提高。工业用铂铼催化剂中铼含量与铂含量的比值一般为1～2，高者大于2。较高的铼含量有利于提高催化剂的稳定性。

10. 什么是助剂？

答：所谓助剂，是指某些自身单独使用时没有催化活性，但将其加入催化剂中后，却能显著提高催化剂的活性和稳定性，还可以改进催化剂容炭能力、再生性能等其他方面性能的物质。

11. 催化重整催化剂的助剂有哪几种？各起什么作用？

答：现代催化重整催化剂常采用铼、锡、铱、铝和铅等金属作为第二组元，以改善主金属铂的性能。催化重整催化剂使用最多的助剂是铼、锡和铱，各助剂的主要作用为：

（1）铼能促进铂在催化剂上的分散，抑制铂的聚集，同时，铼具有较强的加氢性能，能够起到抗积炭的作用。因此，铼能提高催化剂的稳定性，延长使用寿命。

（2）锡能改善催化剂的选择性和再生性能，而且可抑制铂的过度氢解性能，但其稳定性稍差。铂锡催化剂主要应用在连续重整工艺中。

（3）铱本身具有良好的脱氢环化功能，可提高催化剂的稳定性，但是它的氢解和裂化性能较强。

（4）铝加入催化重整催化剂后可改善催化剂的裂解性能。

（5）铅本身是催化重整催化剂的毒物，但作为催化剂的活性组分，可起到变性剂的作用。

12．催化重整催化剂的载体有什么作用？

答：一般来说，载体本身并没有催化活性，但其具有较大的比表面积和较好的机械强度，可使活性组分很好地分散在其表面上，从而有效地发挥活性组分的作用，节省活性组分的用量，同时提高催化剂的稳定性和机械强度。

载体应具有适当的孔结构。孔径过小不利于原料和产物的扩散，原料和产物易于在微孔口结焦，使内表面不能充分利用，从而使催化剂活性迅速下降。为了改善传质和降低床层压降，催化重整催化剂的载体一般都采用异形条状及涡轮形等形状。

现代催化重整催化剂几乎都采用 $\gamma\text{-}Al_2O_3$ 作为载体。

13. 目前工业上使用的催化重整催化剂主要有哪几种？

答：根据金属组分和使用范围的不同，目前工业上使用的催化重整催化剂主要有铂铼催化剂和铂锡催化剂两种。

铂铼催化剂主要应用于固定床半再生式催化重整装置，具有较高的稳定性和抗积炭能力，但其氢解性能也较强，使用前必须预硫化。

铂锡催化剂主要应用于移动床连续重整装置，在低压和高温下具有优异的反应性能，选择性好，氢解性能不明显，故使用前不必预硫化。

14. 催化重整催化剂的评价指标有哪些？

答：催化重整催化剂综合性能的评价指标有以下三点：

（1）反应性能。对固定床重整装置，催化剂既要有优良的稳定性，也要有良好的活性和选择性。催化剂的稳定性可用容炭能力与生焦速率之比来评价。使用稳定性好的催化剂，在操作时还可适当降低反应压力和氢油比，从而提高液体产品收率和降低能耗。连续重整装置则要求催化剂要有良好的活性、选择性以及再生性能，稳定性不是其主要矛盾。

（2）再生性能。良好的再生性能对固定床重整装置和连续重整装置都很重要。连续重整装置受催化剂再生性能影响更大,连续重整催化剂要经历频繁的再生,通常每3～7天系统中的催化剂就得循环再生一次。催化剂的再生性能主要取决于其热稳定性。

(3) 其他理化性质。例如:比表面积对催化剂保持氯的能力有影响;机械强度、外形和颗粒均匀度对反应器床层压降有重要影响;催化剂的杂质含量及孔结构在一定程度上会影响其稳定性。

15. 催化重整催化剂的酸性功能主要是由什么提供的?各有什么优缺点?

答:催化重整催化剂的酸性功能主要是由担载在催化剂表面上的卤素提供的,目前使用最多的卤素是氯和氟两种元素。

在卤素的使用上,通常有氟氯型和全氯型两种。氟在催化剂上比较稳定,不易被水带走,酸性功能受催化重整原料含水量的影响较小,一般氟氯型催化剂中氟和氯含量约为1%(质量分数)。但是氟的加氢裂化性能较强,使催化剂的性能变差,因此近年来卤素多采用全氯型。氯在催化剂上不稳定,易被水带走,但在工艺操作过程中可以采取根据系统的水氯平衡状况进行注氯,以及在催化剂再生后进行氯化等措施来维持催化剂上的氯含量。一般新鲜的全氯型催化剂含氯量为0.6%～1.5%,实际操作中要求催化剂氯含量稳定在0.4%～1.0%。

16. 卤素含量对催化重整过程有何影响？

答：催化重整催化剂上的卤素含量需要一个合适的范围。卤素含量太低时，酸性功能不足，芳烃转化率（尤其是五元环烷烃和烷烃的转化率）低以及生成油的辛烷值低。卤素含量太高时，加氢裂化反应加剧，液体产物收率下降。

17. 如何判断催化剂酸性功能的变化？

答：催化重整催化剂酸性功能的变化可以通过最后一台反应器温降的变化来判断。催化重整装置最后一台反应器内主要是进行反应速率最慢的加氢裂化反应和烷烃脱氢环化反应，二者的热效应相反，所以床层温降很小。如果最后一台反应器温降增大，表明烷烃脱氢环化反应所占比例增大，而加氢裂化反应所占比例减小，催化剂酸性减弱。如果最后一台反应器温降减小，表明加氢裂化反应增强，烷烃脱氢环化反应所占比例降低，催化剂的酸性过强。

18. 什么是水氯平衡？

答：所谓水氯平衡，即通过不同的途径（如直接取样分析、根据操作情况等）判断催化剂上的氯含量，然后通过注氯、注水等方法来保证最适宜的催化剂含氯量。

19. 催化重整催化剂为什么要保持水氯平衡？

答：催化重整催化剂是双功能催化剂，其酸性功能依靠催化剂上的氯。维持一定的氯含量，可以保证催化剂金属功能和酸性功能比例合适，使其具有合适的活性、稳定性和选择性。若进入催化重整反应器的原料中水和氯含量不合适，催化剂上的卤素含量会发生变化，催化剂金属功能和酸性功能的合理匹配遭到破坏，性能降低。

20. 为什么对催化重整原料的含水量有严格限制？

答：当催化重整原料含水量过高或反应生成水（原料油中的含氧化合物在反应条件下生成水）过多时，水会冲洗氯而使催化剂含氯量降低。在高温下，水还会促使铂晶粒长大，破坏氧化铝载体的微孔结构，使催化剂的活性和稳定性降低。此外，水和氯还会生成 HCl，腐蚀设备。为了严格控制水对系统的不利影响，催化重整装置一般限制原料中水含量不大于 $5\mu g/g$。

21. 如何调整催化重整催化剂的水氯平衡？

答：当原料含氯量过高时，氯会在催化剂上逐渐积累而使含氯量增加；而当系统中水含量较多时，催化剂上的氯会被水冲洗携带而流失。这些都会改变催化剂的酸性，影响催化剂酸性功能和金属功能的匹配。

工业装置对催化剂上氯含量的调整一般通过注氯和

注水来实现。当催化剂上的氯流失后，可通过注氯来补氯，注氯通常采用二氯乙烷、三氯乙烷和四氯化碳等氯化物。当催化剂上有氯积累而使氯含量过高时，可通过注水来减少催化剂上的氯含量，注水通常采用可在催化重整条件下反应生成水的醇类（如异丙醇等），因为采用醇类可以避免腐蚀，醇的用量按生成的水分子量折算。

22. 操作温度对水氯平衡有何影响？

答：催化重整催化剂保持氯的能力随着反应温度的升高而减弱，故随着反应温度的升高，催化重整系统的注氯量也需要适当增加。

23. 如何判断催化重整催化剂的水氯平衡？

答：判断催化重整催化剂水氯平衡的方式如下：

（1）在反应器内安装催化剂采样器，通过采出催化剂样品进行分析，判断催化剂的氯含量。

（2）根据操作情况判断催化剂的氯含量，如根据反应温度对生成油辛烷值的影响等。

（3）根据经验关系进行判断，如根据原料油和循环氢中水和 HCl 的比值可以判断催化剂上的氯含量变化。

24. 为什么开工初期需对催化重整装置进行集中补氯？

答：在催化剂还原过程中和进油初期，系统中的水含量较高，氯的损失较大，或者是由于氯化更新未达到预期效果，所以在开工初期必须对催化剂进行集中补氯来调整催化剂上的氯含量。一般来说，总的补氯量为催化剂的0.2%（质量分数）左右，注氯量需根据循环气的水含量来确定。

25. 什么是催化剂的失活？

答：所谓催化剂的失活，是指催化剂在使用过程中，由于各种原因而引起的催化剂活性、选择性和稳定性明显下降的现象。

26. 引起催化重整催化剂失活的原因有哪些？分别对催化剂有什么影响？

答：引起催化重整催化剂失活的原因主要有三个，即积炭失活，水、氯含量变化引起的失活和中毒失活。

（1）积炭失活。

随着反应时间的延长，催化重整原料中的重组分逐渐在催化剂表面生成积炭而覆盖催化剂表面的活性中心，引起催化剂活性的降低。催化剂因积炭而引起的活性降低可以通过提高反应温度的办法来补偿，但是反应温度的提高有一定的限制，如催化重整反应的温度一般不超过520℃，当反应温度已提高到限制温度而催化剂活性仍不能满足要求时，必须停工再生。

（2）水、氯含量变化引起的失活。

在生产过程中，催化重整催化剂上的氯含量会发生变化，进而影响催化剂的活性。例如：当原料含氯量过高时，氯会在催化剂上积累而使催化剂含氯量增加；当原料含水量过高或反应生成水过多时，水分会冲洗氯而使催化剂含氯量减小。水、氯含量变化所引起的催化剂失活可通过水氯平衡来解决。

（3）中毒失活。

可以引起催化重整催化剂中毒的因素有很多，根据中毒后活性是否可以恢复可分为永久性中毒和非永久性中毒。

①永久性中毒。催化剂永久性中毒后活性不能再恢复。对含铂催化剂来说，砷和其他金属毒物如铅、铜、铁、镍和汞等都可引起催化剂永久性中毒，其中砷是最值得关注的。催化重整催化剂永久性中毒后只能重新更换新鲜催化剂。

②非永久性中毒。非永久性中毒的催化剂在更换不含毒物的原料后，催化剂上的毒物可逐渐被排除而使活性得到恢复。可引起催化重整催化剂非永久性中毒的物质主要有硫、氮、氧及 CO 和 CO_2 等。

27．什么是积炭失活？积炭引起的失活与哪些因素有关？

答：含碳化合物在催化剂表面上沉积引起的催化剂失活被称为积炭失活或结焦失活。

积炭失活主要是由于含碳化合物在催化剂微孔内沉积而造成催化剂孔径减小，阻碍反应物分子在催化剂微孔内扩散而引起的。

催化重整催化剂的积炭速率与原料性质和操作条件有关。原料的终馏点越高、不饱和烃含量越多，积炭速率越快。反应条件越苛刻（高温、低压、低氢油比和低空速），催化剂上的积炭速率越快。

28. 如何延缓催化重整催化剂的积炭失活？

答：延缓催化重整催化剂积炭失活的方法如下：

（1）避免操作强度过高以满足高辛烷值和高芳烃产率的要求，保持合适的操作苛刻度。

（2）尽量避免压力或氢油比过低。

（3）原料的馏程和组成合理。

（4）原料的硫含量不要过高。

（5）催化剂的水氯平衡合理，避免催化剂的酸性过高。

29. 引起催化重整催化剂酸性功能变化的原因有哪些？

答：原料中的水及其他含氧化合物、卤素及含卤素有机化合物、氨及含氮化合物、碱金属化合物等都会引起催化重整催化剂酸性功能的变化。

水及其他含氧化合物在重整临氢条件下反应生成的水，都可以冲洗催化剂上的酸性组分，降低催化剂的酸性。卤素及含卤素化合物可以增加催化剂上的卤素含量，增强催化剂的酸性。氨及可以生成氨的含氮化合物则可以中和催化剂上的酸性组分，降低催化剂的酸性。

碱金属化合物可以与催化剂作用，占据酸性位，使催化剂酸性下降。

30．砷引起催化剂中毒的机理是什么？

答：砷与铂具有很强的亲和力，可与铂形成合金，造成催化剂的永久性中毒。据相关研究，当催化重整催化剂上的砷含量超过 200μg/g 时，催化剂的活性就完全丧失。工业生产过程中，常限制催化重整原料油的砷含量不大于 1μg/kg。

31．常减压蒸馏中设置初馏塔对降低砷对催化重整催化剂的影响有何好处？

答：直馏催化重整原料的砷含量不仅与原油的砷含量有关，还与原油被加热的温度有关。一般来说，原油的加热温度越高，所得直馏催化重整原料的砷含量就越高。常减压蒸馏过程中设置初馏塔可以使催化重整原料从初馏塔顶以较低的温度拔出，降低了直馏催化重整原料中的砷含量，减少了后续预加氢精制过程的负荷，削弱了直馏催化重整原料对催化剂失活的影响。

32．硫对催化重整催化剂有何影响？

答：催化重整原料中的含硫化合物在催化重整反应条件下会生成 H_2S，H_2S 若不从系统中除去，会在循环氢中积聚，导致催化剂中毒，脱氢活性下降。但是，原料中的硫含量也不是越低越好，有限的硫含量可以抑制氢解反应和深度脱氢反应，这一点对铂铼催化剂尤为重要。对于新鲜催化剂或刚再生过的催化剂，在使用前还需要采用含硫化合物对催化剂进行预硫化。

33. 催化重整原料为什么要限制氮含量？

答：原料中的含氮化合物在催化重整操作条件下会转化生成氨，碱性的氨吸附在催化剂的酸性中心上会抑制催化剂的加氢裂化、异构化及环化脱氢功能，并且对催化剂的脱氢活性也有一定影响。氮对催化剂的毒害是暂时性的。

34. 铅对催化重整催化剂有何影响？

答：催化重整原料中的铅可与铂形成稳定的化合物，造成催化剂中毒。在过去，铅一直被认为是含铂催化剂的毒物，但近年来却出现过用铅作为添加组分来改善铂催化剂活性和稳定性的报道。

35. CO和CO_2对催化重整催化剂有何影响？系统中的CO和CO_2是怎么来的？

答：CO能与铂形成络合物，造成铂催化剂永久性中毒，但也有人认为是暂时性中毒。CO_2在催化重整临氢反应氛围下可还原成为CO，也是催化重整催化剂的毒物。

催化重整原料油中一般不含CO和CO_2，催化重整反应过程中也不产生CO和CO_2，只有在再生过程中气体置换不完全时，系统中才会含有一定量的CO和CO_2。此外，开工时引入系统中的工业氢气和氮气中也有可能含有少量的 CO 和 CO_2。

36．催化重整催化剂为何要进行再生？

答：在催化重整反应过程中，随着时间的增长，催化重整催化剂表面上的积炭逐渐增多、铂晶粒聚集，导致催化剂的活性下降，当催化剂的活性降低到一定程度后就必须进行再生以恢复催化剂的活性。固定床半再生式重整装置的催化剂一般是 0.5～2 年再生一次，移动床连续重整装置的催化剂一般是 3～7 天再生一次。

37．催化重整催化剂的再生过程包括哪几个步骤？

答：催化重整催化剂的再生过程包括烧焦、氯化更新和干燥三个工序。一般来说，经再生后，催化重整催化剂的活性基本可以完全恢复。

38．催化重整催化剂如何进行烧焦？

答：烧焦在整个催化剂再生过程中所占的时间最长，且温度较高，会对催化剂的孔结构、金属分散造成破坏，引起氯损失，所以，再生过程要采取一定的措施，避免对催化剂造成破坏。

催化重整催化剂上焦炭的主要成分是碳和氢，可以采用含氧气体烧焦以除去催化剂表面的焦炭。为了避免烧焦过程中温度过高而引起催化剂表面的铂晶粒聚集，需要保证烧焦气体中的氧含量不能过高。一般可用惰性气体（N_2）稀释再生气，通常烧焦开始时循环气含氧量为 0.2%~0.8%，之后逐步提高含氧量，最后可达 2%~3%。烧焦时反应器内的温度不宜超过 550℃。此外，再生过程中还需控制循环气中的水含量和 CO_2 含量。

39. 为什么要用惰性气体稀释再生气？

答：催化重整过程的再生是用含氧气体烧去催化剂表面的焦炭，烧焦放出的热量很大，会使催化剂床层产生温升。温升过大，很容易达到极限温度而烧毁催化剂，甚至破坏反应器。因此，催化重整再生过程需控制再生温度不能过高。

在催化重整再生过程中，可采用惰性气体稀释再生气，一方面可以控制烧焦速度，防止短时间内产生大量的热量；另一方面也可以利用大量惰性气体带走焦炭燃烧时放出的热量。

40. 催化重整催化剂的烧焦过程为什么不用水蒸气作载气？

答：加氢催化剂的烧焦过程可以使用氮气或水蒸气作为惰性载气，以稀释烧焦气中的氧，但催化重整催化剂的烧焦只能使用氮气作载气。

催化重整催化剂对水非常敏感，用水蒸气处理催化剂会引起铂晶粒的聚集，载体结构被破坏，导致催化剂不可逆失活。

41. 影响催化重整催化剂烧焦的因素有哪些？

答：催化重整催化剂上的焦炭主要是低氢碳比（H/C）的烃类，影响其烧焦过程的因素主要有催化剂上焦炭的类型和组成、催化剂上的焦炭量、烧焦温度、再生气中的氧含量以及循环气的组成等。

42. 如何控制催化重整催化剂烧焦的反应条件？

答：为了避免高温对催化剂活性金属和载体结构造成破坏，烧焦过程一般采用由低到高逐渐升温的烧焦方式，控制再生时反应器内的温度不超过 $500 \sim 550$℃。同时，催化重整催化剂的烧焦过程还要适当控制再生压力。

43. 催化重整催化剂再生时为何要进行氯化更新？

答：在烧焦过程中，催化重整催化剂上的氯会大量流失，铂晶粒也会聚集，氯化更新的作用就是补充氯和使铂晶粒重新分散，进而恢复催化剂的活性。

氯化过程多采用含氯化合物（如二氯乙烷）。以含氧量大于 8%（摩尔分数）的气体作为载气，其中二氯乙烷的体积分数不大于 1%，氯化在 $490 \sim 510$℃、常压下进行，一般进行 $6 \sim 8h$。

经氯化后的催化剂还要在 540℃的空气流中氧化更新，使铂晶粒的分散度达到要求。氧化更新的时间一般为 2h。

44. 氯化时为什么使用含氧气体作为载气？

答：在氯化过程中会生成少量焦炭，不利于铂晶粒的分散，而含氧气体可以把生成的焦炭烧去，故在氯化更新时多采用空气或含氧量高的惰性气体作为载气。

45. 催化重整催化剂再生过程中如何进行干燥？

答：催化重整催化剂再生过程的干燥工序多在温度为540℃左右的条件下进行，采用空气或高含氧量气体作为循环气，可以抑制碳氢化合物对铂晶粒分散度的影响。因此，催化剂干燥时所采用的循环气体以空气为宜。

46. 被硫污染的催化剂在再生前需如何处理？

答：催化剂被硫污染后，烧焦时硫会生成硫酸盐，污染催化剂，故再生前必须先将系统中的硫除去。常用的方法是高温热氢循环脱硫法和氧化脱硫法。

高温热氢循环脱硫法是在装置停止进油后，将温度提高到510℃，让循环气中的氢在高温下将硫转化成硫化氢除去。

氧化脱硫法主要用于脱除加热炉和换热器中硫化铁中的硫。将上述设备与催化重整反应器隔断，高温下一次性通过含氧氮气，将硫化铁氧化而除去硫。

47．催化重整催化剂在使用前为什么要进行还原？

答：新鲜催化剂和氯化更新后催化剂上的铂以金属氧化物的形式存在，这种催化剂没有催化活性，在使用前必须先用氢气将其还原成具有催化活性的金属态。

还原过程在 480℃ 左右及氢气气氛下进行。还原过程中有水生成，应注意控制系统中的含水量。

48．还原气中含有烃类会有什么危害？

答：烃类在还原气氛下会发生氢解反应，降低还原氢的纯度和还原反应速率。氢解反应过程中生成的积炭会覆盖催化剂表面的活性中心，引起催化剂活性下降。同时，氢解反应是强放热反应，会使催化剂床层温度升高，导致催化剂表面的金属颗粒烧结，降低催化剂活性。

49．还原气中的水分有何危害？

答：还原气中自身含有的水以及所含氧在还原气氛下生成的水，会危害催化剂的活性和选择性。为了避免水对催化剂所造成的危害，还原气对水和氧含量有严格的要求。通过在还原气流程中增设分子筛干燥器的方法可以降低水的危害。

50. 新鲜催化重整催化剂在使用前为什么要进行预硫化？

答：铂铼催化剂和某些多金属催化剂在刚开始进油反应时可能会表现出强烈的氢解性能和深度脱氢性能。氢解可导致催化剂床层产生剧烈的温升，严重时可能会损坏催化剂和反应器；而深度脱氢可导致催化剂迅速积炭，使催化剂活性、选择性和稳定性变差。因此，在原料油进入装置前必须对催化剂进行预硫化以抑制其氢解活性和深度脱氢活性。

对于铂锡催化剂，锡可以起到与硫相当的效果，故使用前不需要预硫化。

51. 催化重整催化剂再生完成后需不需要预硫化？为什么？

答：再生还原后的催化剂上的金属呈还原态，具有很高的氢解活性，会影响反应温升和产生的积炭。故再生后的催化剂在使用前也需要预硫化。

52. 预硫化的原理是什么？

答：预硫化的基本原理是利用硫使催化剂在反应初期暂时性中毒，从而避免剧烈反应引起的超温。预硫化时大部分硫在催化剂上呈可逆吸附状态，进料后可逐渐脱附，这样可以达到既能在反应初期控制反应温度不超温，又不严重损伤催化剂活性的目的。

53. 催化重整催化剂如何进行预硫化？

答：预硫化一般采用硫醇或二硫化碳作为硫化剂，硫化剂被预加氢精制油稀释后，经加热进入反应系统对催化剂进行预硫化。硫化剂的用量一般为百万分之几，预硫化的温度为 350～390℃，压力为 0.4～0.8MPa，氢气纯度不小于 85%。

54. 催化重整催化剂和预加氢催化剂预硫化的目的有何不同？

答：新鲜重整催化剂在使用前预硫化是为了抑制其较强的氢解活性和深度脱氢活性。

预加氢催化剂中的活性组分呈硫化态时具有较高的活性和稳定性，然而在新鲜的和再生后的预加氢催化剂中，金属活性组分均呈氧化态，故开工时需要通过预硫化将氧化态金属转化成具有更高活性和稳定性的硫化态金属。因此，预加氢催化剂预硫化的目的是提高催化剂的活性和稳定性。

第五章 催化重整的主要设备

1. 预加氢反应器有哪几种类型？有何特点？

答：预加氢反应器主要有三种类型，即轴向反应器、径向反应器和球形反应器。

轴向反应器为立式圆筒形，结构简单，出入口均带有分配器。

径向反应器中原料和氢气自顶部入口进入，经筒内壁周边布置的扇形筒进入催化剂床层，横穿过催化剂床层后经中心管自底部出口流出。径向反应器中油气流经床层厚度薄，床层压降小。

球形反应器的高径比小于轴向反应器，床层压降较小，但其制作工艺复杂，工业应用较少。

2. 预加氢系统腐蚀的原因和危害是什么？

答：预加氢系统中的 H_2S 和 HCl 等酸性介质会引起电化学腐蚀，高速流体会引起冲蚀，两者的共同作用加剧了预加氢系统的腐蚀。

H_2S 可与铁生成致密的硫化亚铁保护膜，防止腐蚀的进一步发生，但如果系统中还同时含有 HCl、H_2O 和

NH_3 等物质，则保护膜会被破坏，设备腐蚀加剧。

预加氢系统发生腐蚀会引起管线设备泄漏，造成事故，危害人身和设备安全。

3. 如何减缓预加氢系统的腐蚀？

答：减缓预加氢系统腐蚀的方法有多种，主要有：

（1）采用耐腐蚀的不锈钢材质，但会增加设备成本。

（2）设备内壁涂防腐层，但必须采用耐高速冲蚀的材料。

（3）合理改造管道走向可减缓冲击腐蚀，但不能减缓电化学腐蚀。

（4）减少进料系统中的酸性物质含量，减缓对设备的电化学腐蚀，如采用脱氯剂脱除酸性物质等。

（5）注缓蚀剂，如通过注氨水中和酸性物质等。

4. 管式加热炉由哪几部分构成？各起什么作用？

答：管式加热炉一般由四部分构成，即辐射室、对流室、燃烧器和烟囱。

辐射室（炉膛）。辐射室是管式加热炉的核心部分，燃料在辐射室内燃烧放热，将热量传递给炉管，从而对炉管内的物料进行加热。

对流室。烟气离开辐射室时的温度为 700～900℃，热量需要回收利用。在对流室内烟气与炉管内的物料换热，加热炉管内的低温物料。

燃烧器。主要安装在辐射室的底部、侧壁或顶部，为加热炉提供高温热源。

烟囱。利用高温烟气与烟囱外空气的密度差，将烟气自动排出加热炉。为了回收高温烟气的余热，可以在烟囱上加装空气预热器。

5．催化重整装置中的加热炉分为几种？

答：催化重整装置中的加热炉按照用途不同可以分为三种：预加氢进料加热炉、各塔底的再沸炉和催化重整反应进料加热炉。

6．催化重整加热炉有什么特点？

答：燃料在加热炉内燃烧放出热量，传递给炉管内的催化重整原料，催化重整加热炉的主要特点有：

（1）可以采用"立式合一"结构，几个辐射室合并在一个炉膛内，但须采用耐火砖进行分隔，设备结构紧凑，占地面积小。

（2）各辐射室可呈倒 U 形排列，炉管分成多路，辐射管垂直排列并汇集在集合管上，双面辐射，加热介质受热均匀，炉管压降小。

（3）可以设置多个燃烧器，以满足加热炉的热负荷要求。

（4）可以采用强制通风，并可以设置烟气余热回收及蒸气发生系统。

（5）可以采用联合烟气，由引风机抽出排放，由蝶阀执行机构进行调节。

(6) 为了保护设备及满足工艺条件的要求，加热炉可以设计成燃料气与催化重整进料、低压氢等联锁，烟道上可设置压力高限报警及高限切断。

7. 什么是理论空气量？什么是过剩空气系数？

答：理论空气量是指燃料完全燃烧时所需要的空气量。

过剩空气系数是指进入炉膛的实际空气量与理论空气量之比。

为了使燃料能够充分燃烧，一般过剩空气系数大于1。过剩空气系数太小，燃料燃烧不充分；过剩空气系数太大，火焰温度降低，加热炉效率降低。通常，燃烧燃油时的过剩空气系数为1.3左右，燃烧燃气时的过剩空气系数为1.2左右。

8. 什么是加热炉有效热负荷和炉管表面热强度？

答：有效热负荷是指加热炉炉管内所有物料升温、汽化和反应所需要的总热量。

炉管表面热强度是指单位时间内通过单位炉管表面的热量。

9. 炉管表面热强度的提高受哪些因素的限制？

答：提高炉管表面热强度可提高传热速率，减小炉体尺寸，降低材料消耗。但炉管表面热强度的提高受以下条件限制：

（1）提高炉管表面热强度，炉管管壁温度随之提高，炉管内的油品可能会因过热而分解或结焦。

（2）炉管表面热强度在整个炉膛内分布不均匀，提高炉管表面热强度，个别炉管的某些部位会达到炉管内介质的结焦限度。

（3）炉管内介质的性质、温度、压力、流速等也会影响炉管表面热强度的提高。

（4）炉管材质也会影响炉管表面热强度的提高。

（5）炉管表面热强度提高，辐射管面积减少，烟气温度提高，加热炉效率降低。

10．烟囱的作用是什么？

答：烟气的温度比外界空气温度高，密度比外界空气小，所以其具有向上流动的倾向。设置烟囱后，利用烟气向上流动产生的抽力，使空气经火嘴进入炉膛，烟气克服各种阻力经烟囱排入大气。烟囱的抽力大小主要与外界空气温度以及烟囱的高度有关。

11．催化重整反应器如何分类？

答：催化重整反应器可按不同的分类依据分成不同类属。按内壁有无隔热衬里可以分为冷壁和热壁两类；按油气在反应器内的流动方向来划分，可以分为径向和轴向两类；按催化剂在反应器内是否流动来划分，可以分为固定床和移动床两类。

12．什么是径向反应器？什么是轴向反应器？

答：径向反应器是一种流体流动方向与设备轴向互相垂直的反应器，大多用于气—固催化反应，也可以用于非催化反应。反应气体流经径向反应器的颗粒床层，由于流通截面积大、流速小、流道短，因此具有压降小的特点。为此，可采用小颗粒的催化剂或固相反应物，反应速率及反应器的生产能力均得以增加。

轴向反应器是使用较多的一类反应器，一般流体沿反应器轴向自上而下流经床层并发生反应。

两种反应器的主要差别在于气体流动方式和床层压降不同。

13．轴向反应器的结构有何特征？

答：图5-1为一轴向反应器的示意图。轴向反应器为圆筒形，高径比一般略大于3。反应器外壳由碳钢制成，壳体内衬耐热水泥层，里面还有一层高合金钢衬里。衬里可防止碳钢壳体受高温氢气的腐蚀，水泥层则兼有保温和降低外壳壁温的作用。入口处设有事故氮气管线。为了使原料气沿整个床层截面分配均匀，在油气入口处还设有分配头。油气出口处设有钢丝网以防止催化剂粉末被带出。反应器内装有催化剂，其上方及下方均装有惰性瓷球，可以防止操作波动时催化剂层跳动而引起的催化剂破碎，同时也有利于气流的均匀分布。为了便于检测整个床层的温度分布情况，催化剂床层中设有呈螺旋形分布的若干测温点。

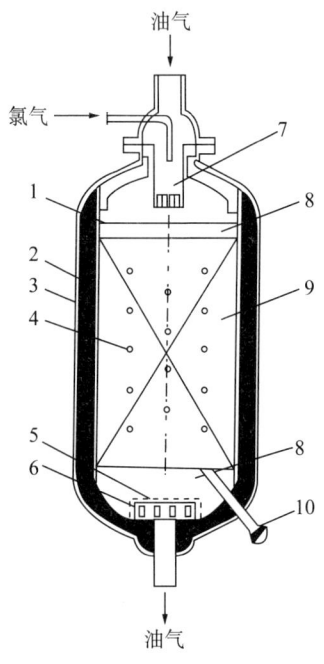

图 5-1　轴向反应器示意图

1—高合金钢衬里；2—耐热水泥层；3—碳钢壳体；4—测温点；5—钢丝网；
6—油气出口集管；7—分配头；8—惰性瓷球；9—催化剂；10—催化剂卸料口

14. 径向反应器的结构有何特征？

答：图 5-2 为一径向反应器的示意图。径向反应器壳体也是圆筒形。反应器的中心部位有两层中心管，内层中心管壁上钻有许多几毫米的小孔，外层中心管壁上开有若干矩形小槽。径向反应器的周边均匀布置几十个扇形筒，扇形筒上开有若干小长条孔，扇形筒与中心管之间的环形空间是催化剂床层。反应油气从反应器顶部进入，经分布器进入沿壳壁布满的扇形筒内，从扇形筒小孔出来后沿径向通过催化剂床层进行反应，反应完进入中心管，最后导出反应器。中心管罩帽由几节圆管组成，通过调节其长度可以调节催化剂的装入高度。

固定床和移动床催化重整装置都可以采用径向反应器。

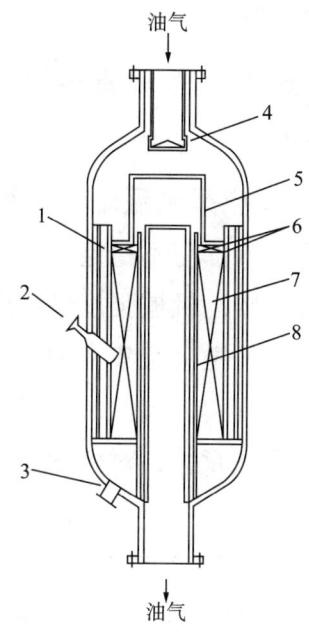

图 5-2　径向反应器示意图

1—扇形筒；2—催化剂取样口；3—催化剂卸料口；4—分配器；
5—中心管罩帽；6—瓷球；7—催化剂；8—中心管

15．为什么径向反应器的床层压降比轴向反应器低？

答：径向反应器的油气经入口分配器后，再经各扇形筒进入催化剂床层，沿径向流动，最后进入引流管流出反应器。反应器的流通截面积较大，且反应器床层厚度较薄，油气流程较短，床层压降大大降低。尤其对催化剂装填量多的大型反应器，采用径向反应器的压降下降效果尤其明显。

低压降对于连续重整装置具有重要意义。因此，连续重整采用径向反应器和径向再生器。

16. 为避免高温氢气的影响，对催化重整反应器有什么要求？

答：催化重整反应是高温临氢过程，氢原子会在设备表面或深入钢材内部与不稳定的碳化物发生反应而生成甲烷，使钢材脱碳，机械强度遭到永久性破坏。同时，生成的甲烷无法外溢会聚集在钢材内部，形成局部应力，引起钢材鼓泡开裂。因此，为避免氢气在高温条件下对钢材所造成的氢腐蚀，对催化重整反应器有以下要求：

（1）采用耐氢腐蚀的铬钼钢制造反应器，这种反应器的结构较简单，制造方便，便于安装，称为热壁反应器。

（2）在反应器内壁加装隔热混凝土衬里，使反应器筒体温度降到200℃以下，可避免高温氢腐蚀，此时反应器材质可选用碳钢，称为冷壁反应器。

17. 什么是氢脆？

答：氢脆是指钢材中的氢浓度达到钢材破裂的临界

值，在接近环境温度下出现的开裂现象。

由于氢的来源、氢在合金中存在的状态以及与金属交互作用的不同，氢可以通过不同的机制使金属脆化。

氢脆可以分为内部氢脆和环境氢脆。前者是材料在冶炼或加工过程中吸收了过量的氢所造成的；后者是构件在含氢环境中使用时吸收氢所造成的。

氢脆还可以分为可逆性氢脆与不可逆性氢脆。前者是指材料经低速变形变脆后，卸载并停留一段时间再进行正常速度变形时，已脆化的材料可以得到恢复；后者是指已脆化的材料，卸载后再进行正常速度变形时，塑性不能恢复。

18. 反应器床层压降对催化重整过程有何影响？

答：反应器床层压降是反应系统压降的重要组成部分，必须予以重视。催化重整装置反应系统的压降不仅影响反应压力，而且影响循环氢压缩机的消耗功率。对于一定的循环氢压缩机，当系统压降过大时就不能维持正常的操作压力而不得不停工，严重影响装置运行的效率和经济效益。

19. 离心压缩机组由哪几部分构成？其作用是什么？

答：离心压缩机组一般由汽轮机、离心压缩机、润滑系统、密封油系统和调节系统构成。

汽轮机的作用是带动离心压缩机运转做功。

离心压缩机是整个机组的做功部分，氢气在叶轮的作用下，将动能转化成势能，系统压力升高。

润滑系统主要是对汽轮机和压缩机起润滑、密封、减震和冷却的作用。

密封系统主要通过密封油和压力差对气体进行密封，防止气体轴端泄漏。

调节系统主要用来调节汽轮机的工况。

20. 离心压缩机的主要优缺点是什么？

答：离心压缩机的主要优点：输气量大且连续，运转平稳；机组尺寸小，重量轻，占地面积小；设备的运转和易损部件少，使用期限长；转速高，可以直接由汽轮机带动；运转安全，易于自动控制。

离心压缩机的主要缺点：效率较低，稳定工况工作区较窄，有喘振现象发生。